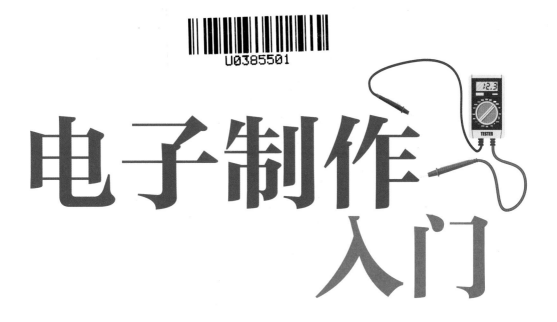

电子制作入门

樊胜民　樊攀　著

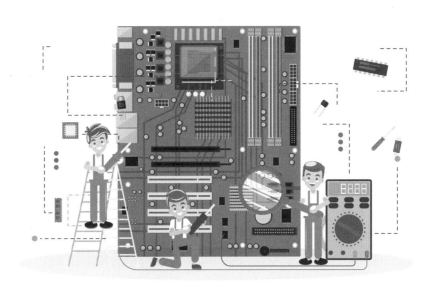

化学工业出版社

·北京·

U0385501

内 容 简 介

本书带领电子爱好者迈入电子制作的大门,共分为三章。第一章介绍电子制作中的常用元器件。第二章包括二十个简单的电子小制作,是在170孔的面包板上完成有趣的实验,帮助读者理解电路工作原理,学会电子制作流程与元器件的有序搭建。第三章是制作进阶,包括十个稍微复杂的电子制作,带领读者熟悉电子制作的方法和技巧,达到合理布局元器件、独立制作的目的。

本书适合任何一位零基础爱好者,还可以用于兴趣制作、科技制作等。

图书在版编目(CIP)数据

电子制作入门 / 樊胜民,樊攀著. —北京:化学工业出版社,2021.4(2025.5重印)
ISBN 978-7-122-38644-1

Ⅰ.①电… Ⅱ.①樊…②樊… Ⅲ.①电子器件 - 制作 - 普及读物 Ⅳ.① TN-49

中国版本图书馆 CIP 数据核字(2021)第 039160 号

责任编辑:宋 辉　　　　　　　　　　文字编辑:袁 宁 陈小滔
责任校对:刘曦阳　　　　　　　　　　装帧设计:王晓宇

出版发行:化学工业出版社(北京市东城区青年湖南街13号 邮政编码100011)
印　　装:天津裕同印刷有限公司
710mm×1000mm 1/16 印张12¼ 字数225千字 2025年5月北京第1版第9次印刷

购书咨询:010-64518888　　　　　　售后服务:010-64518899
网　　址:http://www.cip.com.cn
凡购买本书,如有缺损质量问题,本社销售中心负责调换。

定　价:49.00元

电子制作不仅可以锻炼动手能力，还能活跃思维，激发求知欲望，增强自信心与成就感。如今电子产品与工作、生活息息相关，各种用电器也层出不穷，并且越来越智能化。给初学者普及电学知识，会对他们今后的学习、生活有很大帮助。

本书实验采用电池供电，确保在安全的环境下进行电路制作。如果你对电学充满了好奇，愿意探索，你的电学之路可以从此启程。

本书共分为三章。

第一章　认识电子元器件

电子制作中，离不开电子元器件，掌握与熟悉元器件是电子制作的基础。通过第一章的学习，你将认识穿着五颜六色"衣服"的电阻，能说会道的喇叭，能感知光线明暗的光敏电阻，能感知温度高低的热敏传感器，以及电压、电流等与电子制作息息相关的物理知识。

第二章　简单小制作

讲解电子制作中经典的电路，在170孔的面包板上完成有趣的实验制作，明白电路工作原理与制作布局，明白元器件如何有序搭建，能独立设计完成"小工程"。

书中的每个小制作包含电路原理浅析、电路图、元器件菜单、面包板展示与装配图。

第三章　制作进阶

通过接线端子完成一系列电子制作，掌握合理布局元器件的技巧，熟悉电路工作原理，并尝试改变电路中元器件的参数，感受声光效果变化。

本书不仅适合青少年学习，也适合任何年龄的零基础爱好者。本书还可以用于校本课程、兴趣制作、科技制作等培训。

本书由樊胜民、樊攀著，张淑慧、张玄烨、张崇、樊茵等为本书的编写提供了帮助，在此表示感谢。书中电路组装由樊攀完成。

由于编写时间仓促，书中或多或少有一些不足之处，恳请读者指正。

读者如果在看书或制作过程中有不清楚的地方，可以发邮件（邮箱：fsm0359@126.com）或加技术指导微信（18636369649）进行咨询。书中涉及的元器件以及套件，可以在樊胜民工作室淘宝旗舰店购买。

编者

目录

第三章　制作进阶

第一章

认识电子元器件

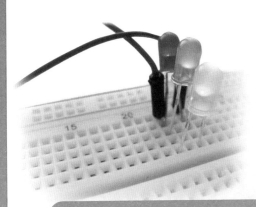

　　电子制作中，离不开电子元器件，本章介绍常见元器件的种类以及使用方法。掌握与熟悉元器件是电子制作的基础，通过本章的学习，你将认识穿着五颜六色"衣服"的电阻，能说会道的喇叭，能感知光线明暗的光敏电阻，能感知温度高低的热敏传感器，以及电压、电流等与电子制作息息相关的物理知识。

第一节　形形色色的电池

电池是一种将内部化学能转化为电能的装置，为电路持续工作提供能量。常见的电池种类有碱性电池、纽扣电池、锂电池、蓄电池等。

一、电池

1. 碱性电池

如图 1-1 所示，碱性电池是最常见的一种电池，遥控器、玩具车中都有它的身影。

这些电池中的电是如何"变"出来的呢？它是由石墨棒（正极，用"+"表示）、锌片（负极，用"−"表示）、电解质构成，通过化学反应而产生电。如图 1-1 所示电池每节电压是 1.5V（伏）。正负极如图 1-1 所示。

正极
(+)

负极
(−)

图 1-1　电池的正负极

2. 纽扣电池

纽扣电池（见图 1-2）由二氧化锰（正极）、金属锂（负极）、电解液构成，也是通过化学反应产生电，外形如纽扣，所以又称为纽扣电池。常见的纽扣电池型号是 CR2032，每节电压是 3V。其中 R 表示电池的形状为圆柱形，20 表示电池的直径是 20mm，32 代表电池的高度为 3.2mm。

图 1-2　CR2032 电池正极

3. 锂电池

锂电池一般是使用金属锂或其合金为正 / 负极材料。手机中使用的就是锂电池，一般电压是 3.7V 左右，内部有充电保护电路。某手机电池如图 1-3 所示。

图 1-3　手机电池

新能源汽车使用的电池，内部也是由很多锂电池串并联起来作为汽车的动力能源。

4. 蓄电池

汽车、逆变器等内部都有蓄电池（俗称电瓶）。如图 1-4 所示，是汽车中使用的蓄电池。

图 1-4　汽车中的蓄电池

蓄电池是一种将化学能转化为电能的装置，也有正负极之分，在实际使用中按照要求串并联在一起，如图 1-5 所示。关于串并联的知识，在今后会给大家讲解。

图 1-5　蓄电池串并联

5. 层叠电池

层叠电池的电压是 9V，一般用于舞台无线话筒、万用表等，如图 1-6 所示。

图 1-6　层叠电池

二、电池的图形符号

电池在电路图中用 BT 表示。电池在电路图中的图形符号如图 1-7 所示。

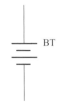

图 1-7　电池图形符号

知识加油站

电池中字母与数字的含义如图（见图1-8）。

图 1-8　电池中字母与数字的含义

一般情况下 5 号电池上标注 AA，七号电池标注 AAA。常见 5 号南孚电池标注 LR6 的含义：L 表示碱性电池，R 表示圆柱形，6 表示的就是 5 号电池，03 表示的是 7 号电池。其他字母的含义：P 代表高功率电池，S 代表普通电池。

三、电源适配器

不仅仅电池能提供直流电，交流电经过处理后也可以变为直流电。最常见的电源适配器就是手机充电器，能将 220V 交流电转换为直流电，如图 1-9 所示。

图 1-9　手机充电器

如果你设计的电路需要长期工作，可以考虑用电源适配器接交流电来代替电池，可以节省购买电池的费用。

<table>
<tr><td>第二节</td><td># 电池的"家"</td></tr>
</table>

第二节 电池的"家"

一、电池盒

在实验电路中，一般将电池安装在电池盒内。如图 1-10 所示的是一种 5 号电池盒，可以安装两节电池。在安装电池的时候，注意电池的负极与电池盒弹簧相连接，红色引线是电源的正极，黑色引线是电源的负极。单节电池的电压是 1.5V，两个电池串接在一起就是单个电池的电压之和（3V）。电池安装示意如图 1-11 所示，电池盒在装配图中的画法如图 1-12 所示。

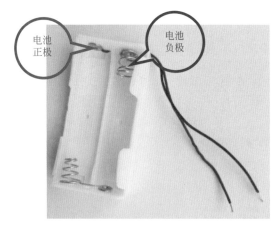

图 1-10　电池盒

图 1-11　电池安装示意图

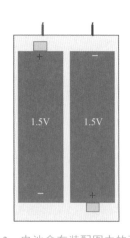

图 1-12　电池盒在装配图中的画法

二、接线端子(分为按压式与栅栏式接线端子)

1. 按压式接线端子

按压式接线端子是为了方便导线的连接而应用的，两端都有方孔可以插入导线，而不必将导线拧在一起，也不需要焊接，方便快捷，如图1-13所示。在装配图中的画法如图1-14所示。

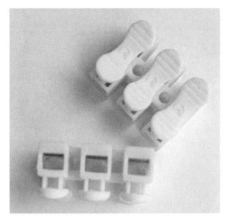

图 1-13　按压式接线端子

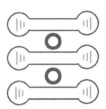

图 1-14　按压式快速接线端子在装配图中的画法

按压式接线端子使用步骤：

① 按压接线端子，将裸露导线插入方孔内，松开接线端子。与正负极导线的连接如图1-15所示。

② 将另外两条导线压接到端子的另一边，如图1-16所示。

图 1-15　分别连接正负极导线

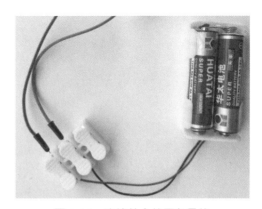

图 1-16　连接其余的两条导线

③ 连接完成，如图 1-17 所示。

图 1-17　按压式接线端子连接完成示意图

2. 栅栏式接线端子

栅栏式接线端子如图 1-18 所示，使用时用小螺丝刀将导线或者元器件的引脚拧紧固定在端子上即可。在装配图中的画法如图 1-19 所示。

图 1-18　栅栏式接线端子　　　　　图 1-19　栅栏式接线端子在装配图中的画法

栅栏式接线端子连接实物展示如图 1-20 所示。

图 1-20　栅栏式接线端子连接实物展示

知识加油站

1. 电压

什么是电压呢？自来水在供水站经过加压后送到千家万户，拧开水龙头，自来水就会源源不断流出来，自来水的流动需要水压。要想发光二极管点亮，电池的正负极也必须有一定的电势差，它们的差值就是电压。电压的标准定义比较抽象，喜欢钻研的朋友可以到网上查一查。

电压用大写字母 U 表示。

电压的单位：伏特（简称伏），用字母 V 表示。

单位换算：1V（伏）=1000mV（毫伏）。

2. 电流

电流好比水流，LED 能亮起来，说明有电流流过，将电能转化为光能。当用直流电（比如电池）作为电源的时候，电流是从电池的正极流出，经过发光二极管、电阻等负载，回到电池的负极。

电流用大写字母 I 表示。

电流的单位：安培（简称安），用字母 A 表示。

单位换算：1A（安）=1000mA（毫安），1mA（毫安）=1000μA（微安）。

第三节 揭秘面包板及电路有关元器件

一、面包板

按照设计的电路图在面包板上插接电子元器件，如果某个元器件插接错了，拔下来重新插接即可，元器件可以重复利用，最重要的是如果电路实验搭建错误可重新组装。图 1-21 所示是 170 孔面包板。

图 1-21　170 孔面包板

面包板小孔内含金属弹片，金属弹片质量好坏直接决定整块面包板的优劣。电子元器件按照一定的规则（电路图）直接插在小孔内，借助面包线完成设计要求，完成演示制作效果。在面包板上搭建电路，优点是无需使用电烙铁，不用担心烧烫伤，可以方便安全地进行入门电子制作。

面包板中间是凹槽，一般情况在这儿安装集成电路，两边纵列内的 5 个小孔内部的电路是连通的。将面包板背面的双面胶撕掉，可以清楚看到纵列的金属条（见图 1-22），图 1-23 是面包板电路布局图。

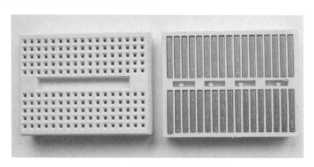

图 1-22　面包板正面 + 背面

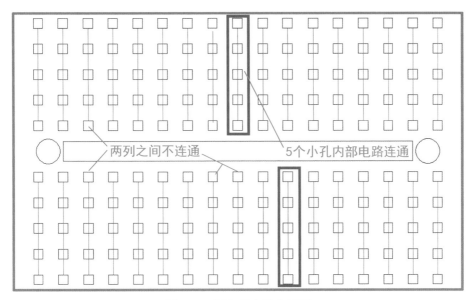

图 1-23　面包板电路布局图

图 1-24 所示为面包板搭建电路，点亮 LED。

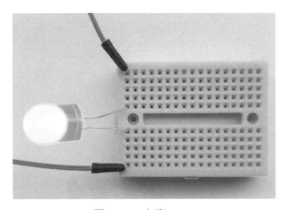

图 1-24　点亮 LED

二、面包线

采用硬质面包线，搭建电路美观，能清晰地看到电路的连接布局，方便制作。图 1-25 所示为面包线实例。

面包板搭建的电路如图 1-26 所示。

图 1-25　面包线

(a) 面包板特写　　　　　　　　　　　　(b) 电路全貌

图 1-26　面包板搭建电路展示

制作中用的是硬质面包线，便于观察制作布局，也可以用普通的面包线代替。

三、LED（发光二极管）

实验中采用的是 10mm 发光二极管，外观见图 1-27，从图中可以看出发光二极管有两个引脚，并且长短不一。

图 1-27　发光二极管（LED）

在电子制作中，选择红发红、绿发绿等低亮度的 LED，尽量少选择高亮度的 LED，以免刺眼，引发眼睛疲劳。

发光二极管的图形符号如图 1-28 所示，用字母 LED 表示。

LED 在本书装配图中的示意如图 1-29 所示（有红色、绿色、黄色、蓝色等）。

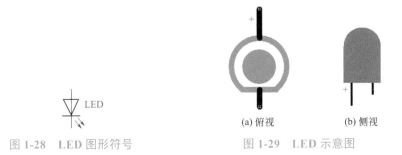

图 1-28　LED 图形符号　　　　　　图 1-29　LED 示意图

LED 有两个引脚，一般情况下长的引脚是正极（阳极），短的引脚是负极（阴极），如图 1-30 所示。

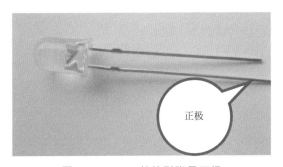

图 1-30　LED 长的引脚是正极

LED 还可用以下方法从外观判断正负极（大部分符合以下规律）：观察透明的壳体，与小金属片相连的引脚是正极，如图 1-31 所示。

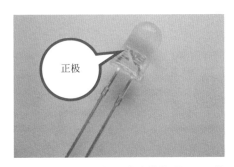

图 1-31　透明壳内小金属片连接的是 LED 的正极

LED 导通发光的条件：LED 的正极接到较高的电压，LED 的负极接到较低的电压，并且加到 LED 两端的电压以及电流要符合它的参数要求。

10mm LED 电压要求：颜色不一样，它的电压也不尽相同，大约 2 ~ 3V，电流一般不高于 20mA。

四、按键（也称微动开关）

鼠标的左右按键，就是两个微动开关，按压时导通，不按压时断开。按键有两个引脚与四个引脚两种，如图 1-32 所示。

(a) 两个引脚　　　　　　　　(b) 四个引脚

图 1-32　按键

按键的图形符号如图 1-33 所示，用字母 S 表示。

(a) 两个引脚　　　　　　　　(b) 四个引脚

图 1-33　按键图形符号

按键在装配图中的画法如图 1-34 所示。

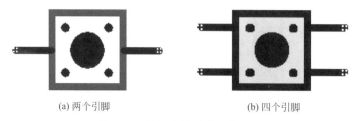

(a) 两个引脚　　　　　　　　(b) 四个引脚

图 1-34　按键在装配图中的画法

五、开关

开关在电路中的作用就是切断与导通电流。

外观如图 1-35 所示,电源开关标记中,I 代表开(启动),O 代表关(断开)。I 和 O 是 INPUT 和 OUTPUT 的缩写。

开关的图形符号如图 1-36,用字母 S(或 K)表示。

图 1-35 开关

图 1-36 开关的图形符号

 动手做

"照猫画虎"控制 LED 的亮灭

元器件菜单:3V 电池盒(1 个)、1.5V 电池(2 节)、按压式接线端子(1 个)、100Ω 电阻(1 个)、170 面包板(1 个)、按键(1 个)、LED(1 个)、导线(若干)。

电路图:如图 1-37 所示。

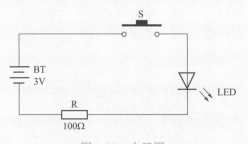

图 1-37 电路图

工作原理浅析:按下按键,LED 点亮,电流从正极出发经过按键 S、LED、限流电阻 R(100Ω),回到电源 BT 的负极;释放按键,LED 熄灭。

装配图:见图 1-38。

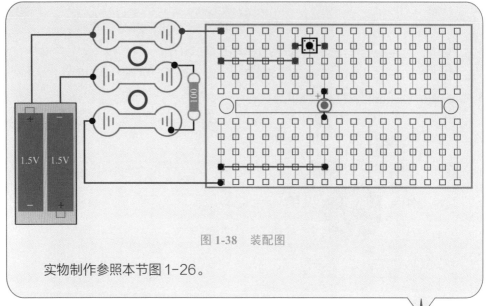

图 1-38　装配图

实物制作参照本节图 1-26。

知识加油站

RGB LED 内部集成了红（R）、绿（G）、蓝（B）三种 LED，分别驱动三个 LED 就可以显示不同的颜色，商场中播放广告的 LED 显示屏，就集成了成千上万个 RGB LED。RGB LED 分为共阳与共阴两种，所谓的共阴 RGB LED 就是将红、绿、蓝三个 LED 集成在一起的时候，把三个 LED 的负极引脚接在一起，共阳 RGB LED 也是同样的道理（正极引脚相接）。控制红、绿、蓝三种 LED 工作状态，就可以按照光学三原色原理调出几乎所有人眼可见的光颜色。图 1-39 所示是磨砂 RGB LED 外观。

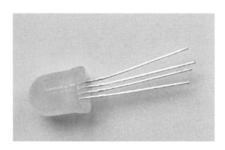

图 1-39　磨砂 RGB LED

第四节 身披彩色条纹的电阻

电阻是电阻器的简称，在电路中主要的作用是"降压限流"，也就是降低电压、限制电流，选择合适的电阻就可以将电流限制在要求的范围内。当电流流经电阻时，在电阻上产生一定的压降，利用电阻的降压作用，使较高的电压降低至适应各种电路的工作电压。电阻如图 1-40 所示。

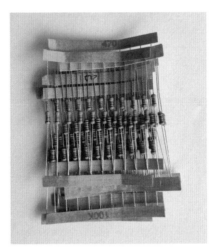

图 1-40　电阻

一、固定电阻

固定电阻是电阻值固定不变的电阻。固定电阻图形符号，以及在装配图中的画法（见图 1-41），用字母 R 表示。

图 1-41　电阻的图形符号及在装配图中的画法

电阻单位是欧姆，简称欧（Ω），常用的单位还有千欧（kΩ）、兆欧（MΩ）。它们之间的换算关系如下：

$$1M\Omega=1000k\Omega$$

$$1k\Omega=1000\Omega$$

小功率的电阻一般在外壳上印制有色环，色环代表阻值以及误差。以五色环电阻为例讲解，如图 1-42 所示。

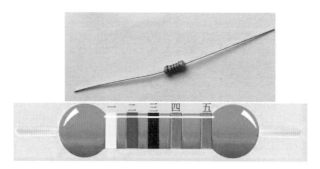

图 1-42　五色环电阻

五色环电阻表示方法，见表 1-1。

表 1-1　五色环电阻表示方法

色环颜色	第一道色环	第二道色环	第三道色环	第四道色环	第五道色环
黑	0	0	0	10^0（×1）	—
棕	1	1	1	10^1（×10）	±1%
红	2	2	2	10^2（×100）	±2%
橙	3	3	3	10^3（×1000）	—
黄	4	4	4	10^4（×10000）	—
绿	5	5	5	10^5（×100000）	±0.5%
蓝	6	6	6	10^6（×1000000）	±0.25%
紫	7	7	7	10^7（×10000000）	±0.1%
灰	8	8	8	10^8（×100000000）	—
白	9	9	9	10^9（×1000000000）	—
金	—	—	—	10^{-1}（×0.1）	
银	—	—	—	10^{-2}（×0.01）	

对于五色环电阻，前三道色环表示有效数字，第四道色环表示添零的个数（也就是需要乘以10的几次方），第五道色环表示误差。计算出阻值的单位是欧姆（Ω）。

比如一个电阻的色环分别是黄、紫、黑、棕、棕。

对应的电阻是470×10，也就是4.7kΩ，误差是±1%。

对于五色环电阻，大多数电阻用棕色表示误差。棕色色环是有效色环还是误差色环，就要认真区分了。一般情况下，第四道色环与第五道色环之间的间距稍大，实在不能区分，只能借助万用表测量。

在电子制作中常用的电阻，它的阻值与色环的对应关系见表1-2。

表 1-2　常见电阻阻值与色环对应关系

阻值 /Ω	第一道色环	第二道色环	第三道色环	第四道色环	第五道色环
100	棕	黑	黑	黑	棕
470	黄	紫	黑	黑	棕
1k	棕	黑	黑	棕	棕
4.7k	黄	紫	黑	棕	棕
10k	棕	黑	黑	红	棕
47k	黄	紫	黑	红	棕
100k	棕	黑	黑	橙	棕
200k	红	黑	黑	橙	棕
470k	黄	紫	黑	橙	棕
1M	棕	黑	黑	黄	棕

二、可调电阻

与固定电阻相对应的还有可调电阻，它的阻值可变，又被称为可变电阻器。可调电阻图形符号如图 1-43 所示，用字母 RP 表示。

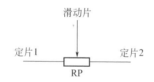

图 1-43　可调电阻的图形符号

常见的可调电阻外观，如图 1-44 所示。

图 1-44 蓝白卧式可调电阻

电位器是可调电阻的一种，如图 1-45 所示。外观标注 100k 代表它的电阻可调
范围是 0 ~ 100kΩ。

图 1-45 电位器

电位器在装配图中的画法，如图 1-46 所示。

图 1-46 电位器在装配图中的画法

三、光敏电阻

光敏电阻的阻值随光照强弱而改变，对光线比较敏感。光线暗时，阻值升高；光线亮时，阻值降低。智能手机利用光敏电阻实现自动亮度控制，在手机中设置"自动亮度"（如图 1-47 所示），在使用手机时，在强光下看得更清晰，而光线暗时屏幕不刺眼（屏幕亮度自动降低），能随时根据周围环境的光线强弱调节手机的亮度，这个小小的光敏电阻（见图 1-48）就是你眼睛的"保护神器"，同时可以延长电池的使用时间。

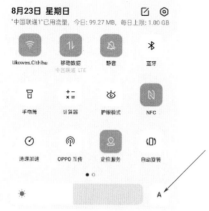
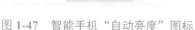

图 1-47　智能手机"自动亮度"图标

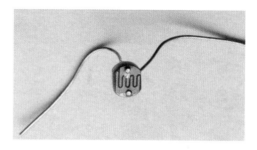

图 1-48　光敏电阻

光敏电阻的图形符号如图 1-49 所示，用字母 RG 表示。

光敏电阻在装配图中的画法，如图 1-50 所示。

图 1-49　光敏电阻的图形符号

图 1-50　光敏电阻在装配图中的画法

四、热敏电阻

热敏电阻的阻值随外界的温度升降而发生变化。若温度升高阻值增大，温度降低阻值减小，则称之为正温度系数热敏电阻（PTC），主要用于冰箱压缩机保护、电动机过热保护；若温度升高阻值减小，温度降低阻值增大，则称之为负温度系数热敏电阻（NTC），主要用于温度控制、温度补偿等。

如图 1-51 所示是 100kΩ 负温度系数热敏电阻，它的外观与二极管 1N4148 非常相似（热敏电阻外观没有黑圈），在使用中一定要区分。后面做实验就用这种热敏电阻。热敏电阻的图形符号如图 1-52 所示，用 RT 表示。

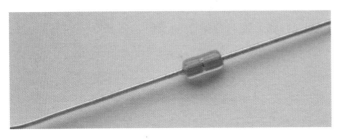

图 1-51　热敏电阻　　　　　　　　　　　图 1-52　热敏电阻图形符号

知识加油站

1. 电压、电流、电阻，它们之间有什么关联呢？

科学家经过大量的实验，总结出了规律，它就是欧姆定律。

原文是这样的：

导体中的电流 I 跟导体两端的电压 U 成正比，跟导体的电阻 R 成反比，这就是欧姆定律。

在这里可以将原文中的导体，理解为电阻器、发光二极管等。

它们的关系可以这样表示：

$$I=U/R$$

计算时电压单位是 V（伏），电流单位是 A（安），电阻单位是 Ω（欧）。

欧姆定律是由德国物理学家乔治·西蒙·欧姆 1826 年 4 月提出的。为了纪念欧姆对电磁学的贡献，物理学界将电阻的单位命名为欧姆（简称欧），以符号 Ω 表示。

2. 装配图

电子制作装配图不是唯一的，关键是大家一定要清楚电子元器件的特性，电子爱好者可以根据自己的习惯，对电子元器件合理布局。本书中提供的装配图仅供参考。

第五节　储存电能的电容

　　电容是电容器的简称，它是一种能充放电的重要储能电子元器件，"通交流，隔直流"是电容的特性，在电路中主要起滤波、信号耦合等作用。

　　常见的电容包括独石电容、涤纶电容等，这些电容在使用中无极性之分（也就是在使用中不需要区分正负极）；还有一类电容，需要区分正负极，极性不能搞错，例如铝电解电容、固体钽（tǎn）电解电容。

　　无极性电容图形符号如图 1-53 所示，用字母 C 表示。在本书装配图中的画法如图 1-54 所示。

图 1-53　无极性电容图形符号

图 1-54　无极性电容在装配图中的画法

　　而极性电容图形符号多了一个小"+"号，带"+"号的一端是正极，另一端是负极，如图 1-55 所示，也用字母 C 表示，在本书装配图中的画法如图 1-56 所示。

图 1-55　极性电容图形符号

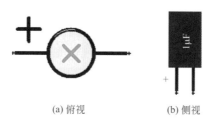

(a) 俯视　　　　　　(b) 侧视

图 1-56　极性电容在装配图中的画法

电容容量的单位是法拉，简称法（F），但是此单位太大，实际中常用的单位是微法（μF）、纳法（nF）、皮法（pF）。

它们之间的换算关系如下：

$$1F（法）=10^6μF（微法）$$

$$1μF（微法）=10^6pF（皮法）$$

$$1nF（纳法）=10^3pF（皮法）$$

一、独石电容

独石电容有耐压与容量两个重要参数，必须在电压值低于耐压值的环境下使用，如图 1-57 所示。

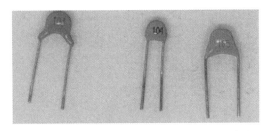

图 1-57　独石电容（分别是 103、104、105 规格）

独石电容标注 103，它的容量不是 103pF，而是 10000pF（103 表示 10^3），耐压值一般在整包的标签上标注。

二、电解电容

几乎在所有电路中都有电解电容的身影，外形如图 1-58 所示。

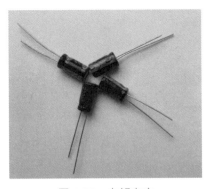

图 1-58　电解电容

电解电容的耐压与容量这两个重要参数,一般都标注在外壳上,如图1-59所示,此电解电容的耐压为16V,容量是470μF。

图1-59 电解电容重要参数

电解电容是极性电容,在使用中正极需要接高电位,负极接低电位。那么不用仪表如何从外观区分电解电容的正负极呢?

对于新购买的电容,未使用以前,引脚长的是正极,短的是负极,如图1-60所示。

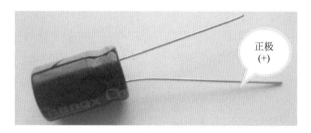

图1-60 电解电容正负极用引脚长短判别

在外壳上一般也有表明负极的标志,与之相对应的引脚是电解电容的负极,如图1-61所示。

图1-61 电解电容负极标志

电解电容在使用中极性接反,轻则会使电容漏电电流增加,重则会将电容击穿损坏。

电子制作
入 门

动手做

电容储能实验

元器件菜单：3V 电池盒（1个）、1.5V 电池（2节）、按压式接线端子（1个）、100Ω 电阻（1个）、170 面包板（1个）、按键（2个）、LED（1个）、100μF 电解电容（2个）、导线（若干）。

电路图：如图1-62所示。

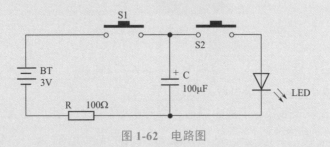

图 1-62　电路图

工作原理浅析：按下 S1，电容开始充电（储能），待几秒后，释放按键 S1，之后按下 S2，同时电容放电，LED 点亮。LED 点亮持续时间与电容的容量有关，可以尝试多并联几个电容，观察 LED 点亮的时间。

装配图：见图1-63。

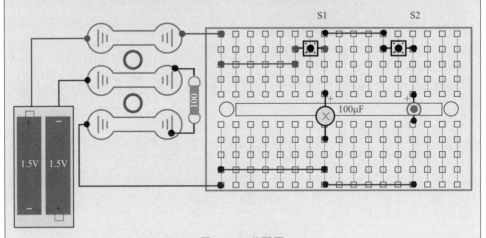

图 1-63　装配图

如增加持续点亮的时间，可以将两个 100μF 电容并联，并联后得到的并联电容容量等于各自电容之和。参照图1-64，然后观察实验效果。

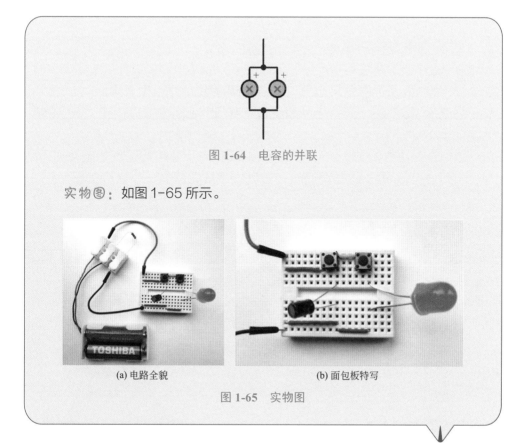

图 1-64　电容的并联

实物图：如图 1-65 所示。

(a) 电路全貌　　　　　　　　(b) 面包板特写

图 1-65　实物图

知识加油站

1. 电路图

电路图是分析电子元器件性能、组装电子制作的主要设计文件。电路图由元器件图形符号以及连接导线组成。通过电路图可以详细了解电子元器件的工作原理。

如图 1-66 所示，是点亮 LED 电路图。

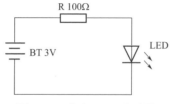

图 1-66　点亮 LED 电路图

2. 画电路图注意事项

① 元件分布要均匀。

② 整个电路最好呈长方形，导线要横平竖直，有棱有角。

③ 在电路图中一般将电源的正极引线安排在元件的上方，负极引线安排在元件的下方。

④ 在电路图中注意交叉十字线，相连接与不连接的区别如图1-67、图1-68所示，两条导线连接时，交叉十字线中间有一个实心的圆点。

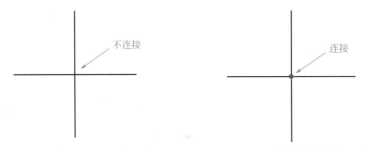

图 1-67　两条导线不连接画法　　　图 1-68　两条导线连接的画法

第六节

关于声音的元器件

一、扬声器（喇叭）

扬声器的主要作用是将电信号转换为声音信号。本书中扬声器的正反面如图 1-69、图 1-70 所示。

图 1-69　扬声器的正面　　　　图 1-70　扬声器的反面

扬声器一共有两个引脚，在实验中常用的扬声器功率是 0.5W。

扬声器图形符号如图 1-71 所示，用字母 BL（或 BP）表示。

扬声器在装配图中的画法如图 1-72 所示。

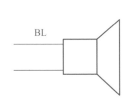

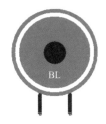

图 1-71　扬声器图形符号　　　　　　图 1-72　扬声器在装配图中的画法

二、蜂鸣器

本书中采用有源蜂鸣器。直流电源就可以驱动蜂鸣发声。有源蜂鸣器控制简单，一般用于报警发声、按键提示音。

家里的电磁炉定时时间到了，是不是有"嘀嘀"的提示音呢？其中的发声元器件就是蜂鸣器。

蜂鸣器的图形符号如图 1-73 所示，用字母 HA 表示。

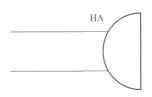

图 1-73　蜂鸣器图形符号

有源蜂鸣器在装配图中的画法如图 1-74 所示。

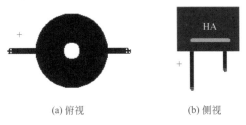

(a) 俯视　　　　　　　　(b) 侧视

图 1-74　有源蜂鸣器在装配图中的画法

有源蜂鸣器有两个引脚，在使用中需要区分正负极，见图 1-75，长的引脚是正极引脚。

图 1-75　有源蜂鸣器

三、驻极体话筒

声音信号如何变为电子电路能接收的电信号呢？常见的办法就是用驻极体话筒来解决，手机、电话机、笔记本电脑等都有它的身影。

常见的驻极体话筒外观如图 1-76 所示。

图 1-76　驻极体话筒

驻极体话筒输出信号比较微弱，需要经过放大电路进一步处理，它一般有两个引脚，在使用中需要区分引脚的接法。仔细观察它的外观，其中一个引脚有几条铜箔线与外壳相连，这个引脚是负极，如图 1-77 所示。图 1-78 是驻极体话筒图形符号，用字母 MIC 表示。

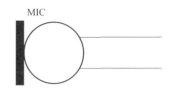

图 1-77　驻极体话筒的负极　　　　图 1-78　驻极体话筒图形符号

驻极体话筒在本书装配图中的画法如图 1-79 所示。

图 1-79　驻极体话筒在装配图中的画法

 动手做

电阻的能力

元器件菜单：3V 电池盒（1个）、1.5V 电池（2节）、按压式接线端子（2个）、100Ω/470Ω/1kΩ/10kΩ 电阻（各1个）、LED（1个）、开关（1个）、导线（若干）。

电路图：如图 1-80 所示。

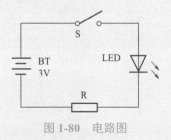

图 1-80　电路图

工作原理浅析：通过在电路中串联不同阻值的电阻，观察 LED 亮度的变化，判断不同阻值的电阻阻碍电流通过的能力。

LED 在电路中需要区分正负极。电流从电池的正极流经 LED、开关 S、电阻 R 回到电池的负极。电阻 R 主要作用是降压与限流，在实验中分别串联 100Ω/470Ω/1kΩ/10kΩ 电阻，观察 LED 的亮度有何变化。随着串联电阻的阻值增加，LED 的亮度是变暗还是变亮？再在电路中串联开关，控制 LED 的电流导通与切断。注意：开关在电路中不需要区分正负极。

实物图：如图 1-81 所示。

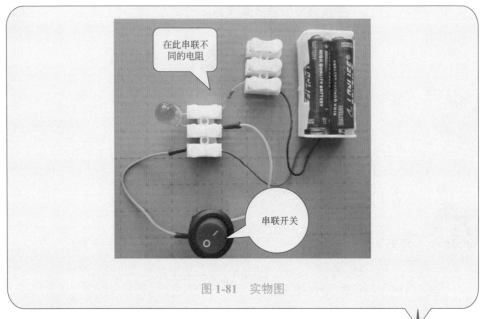

图 1-81 实物图

知识加油站

电阻串并联

电阻的串联：两个电阻如图 1-82 所示连接，就是电阻的串联，总的阻值比任何一个都大，串联电阻的阻值等于两个电阻阻值之和。（图1-82两个电阻串联的总电阻就是 200Ω。）

图 1-82 电阻串联

电阻的并联：两个电阻如图 1-83 所示连接，就是电阻的并联，总的阻值比任何一个都小。（图1-83 中，阻值为 1kΩ 的两个电阻并联后，总阻值就是 500Ω。）

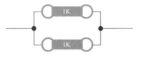

图 1-83 电阻并联

串联电阻阻值增加，并联电阻阻值减少。

第七节 电子制作核心——二极管和三极管

容易导电的物质称为导体，例如铝、铜等；不容易导电的物质称为绝缘体，例如玻璃、塑料等；还有一类材料导电能力介于导体与绝缘体之间，称为半导体，例如硅半导体、锗半导体等。

半导体分为 P 型与 N 型，通过一定的工艺将 N 型半导体与 P 型半导体结合在一起，在结合处就形成一个 PN 结。

PN 结有一个很明显的特性就是单向导电性。

一、二极管

二极管由一个 PN 结、两条电极引线以及外壳构成，二极管在使用中需要区分正负极，在正常使用时电流只能从它的正极流入。

二极管在电路中主要起整流、续流、保护、隔离等作用。本书实验中采用 1N4148 二极管，如图 1-84 所示。

图 1-84 1N4148 二极管

二极管的图形符号如图 1-85 所示，用 VD（或 D）表示。

图 1-85 二极管图形符号

在本书中装配示意图如图 1-86 所示。

负极

图 1-86 1N4148 装配示意图

动手做

二极管单向导电性实验

二极管正向导通：二极管有黑圈标记的一侧引脚与 LED 的正极连接，LED 能点亮，如图 1-87 所示。

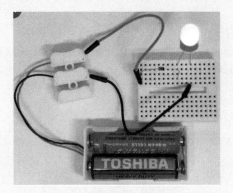

图 1-87 二极管正向接入电路

二极管反向截止：二极管反过来接在电路中 LED 就不亮了，如图 1-88 所示。

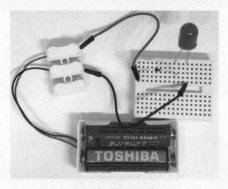

图 1-88 二极管反向接入电路

二、三极管

如图 1-89 所示，三极管由两个 PN 结构成，从结构上可以分为 NPN 型与 PNP 型两种，常见的 9014、8050 等三极管属于 NPN 型三极管，8550、9012 等属于 PNP 型三极管。三极管一共有三个引脚，分别是基极（B 或 b）、发射极（E 或 e）、集电极（C 或 c）。

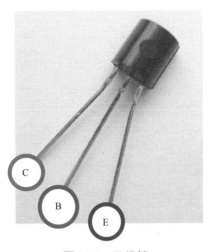

图 1-89　三极管

三极管在电路中主要起信号放大、开关、振荡等作用。

三极管用字母 VT（或 Q）表示。

NPN 型三极管的图形符号如图 1-90 所示。

PNP 型三极管的图形符号见图 1-91。

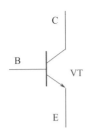

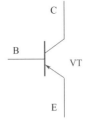

图 1-90　NPN 型三极管图形符号　　　图 1-91　PNP 型三极管图形符号

在本书中装配示意图如图 1-92 所示。

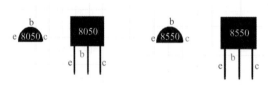

(a) 8050俯视　(b) 8050侧视　　(c) 8550俯视　(d) 8550侧视

图1-92　8050+8550三极管装配示意图

三、单向晶闸管

单向晶闸管有阳极（A）、阴极（K）、控制极（G）三个引脚。本书在制作中采用单向晶闸管的型号是MCR100-6，它的外观如图1-93所示。外观与前面介绍的三极管非常相似，在制作中应注意区别。

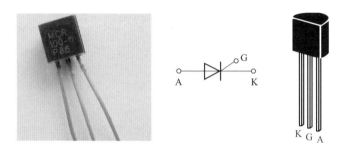

图1-93　MCR100-6单向晶闸管

单向晶闸管的图形符号如图1-94所示，用VT（或Q）表示。

单向晶闸管可以看成是由PNP型与NPN型两个三极管组合而成，如图1-95所示。

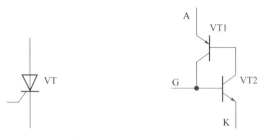

图1-94　单向晶闸管图形符号　　　图1-95　单向晶闸管等效图

如图1-95所示，当三极管VT2基极与发射极之间加入正向偏压时，VT2导通，由于VT2的集电极电流相当于三极管VT1基极的电流，VT1集电极电流又相当于

VT2 基极电流，VT2 导通后导致 VT1 导通，两个三极管之间形成强烈的正反馈，最终 VT1 与 VT2 饱和导通，这时候即使 VT2 基极与发射极之间无偏压，也仍然处于导通状态。

💡 知识加油站

1.三极管的三种状态

① 截止状态：当三极管基极的电流很小或者为零时，三极管集电极与发射极之间的电阻非常大，相当于开关的断开状态。

② 放大状态：当三极管基极的电流逐渐增大时，基极电流控制集电极与发射极之间的电阻变化，放大倍数不变。

③ 饱和状态：当基极电流进一步增加时，基极电流没有办法控制集电极与发射极之间的电阻，电阻变得很小，相当于开关的闭合状态。

2.TO-92 封装三极管引脚识别

常见三极管引脚识别方法，如图 1-96 所示（大部分符合该规律）。

NPN 型三极管与 PNP 型三极管主要区别就是工作时电流方向不一样，NPN 型三极管电流是集电极流向发射极，而 PNP 型则是发射极流向集电极。即 NPN 型三极管发射极箭头朝外，而 PNP 型三极管发射极箭头朝内，一定要分清。

图 1-96　三极管引脚名称以及排列顺序

1—发射极（e）；2—基极（b）；3—集电极（c）

不管是 NPN 型三极管还是 PNP 型三极管，能否工作都取决于基极电压（电流）。对于 NPN 型三极管，当基极电压大于发射极 0.7V 左右时，三极管就导通，电流就能从集电极流向发射极，此时相当于开关的闭合状态；当基极的电压很低或者为 0V 时，NPN 型三极管就截止，相当于开关的断开状态。而 PNP 型三极管，当基极电压小于发射极 0.7V 左右时，三极管就导通，否则就截止。

第八节　集成电路 555

NE555 是一个用途很广且质优价廉的定时集成块，外围只需很少的电阻和电容，即可完成一系列制作，譬如可以由 NE555 制作无稳态触发器、单稳态触发器、双稳态触发器。NE555 外观如图 1-97 所示。NE555 内部由三个 5kΩ 电阻组成的分压器、两个比较器、一个触发器、放电管以及驱动电路组成。NE555 引脚功能如表 1-3 所示。

表 1-3　NE555 引脚功能

序号	标注	功能	序号	标注	功能
1	GND	负极（地）	5③	CTRL	控制
2①	TRIG	触发	6④	THR	阈值
3	OUT	输出	7⑤	DIS	放电
4②	RST	复位	8	VCC	正极

①第 2 引脚，当该脚电压降至 $\frac{1}{3}$ VCC 时，输出端输出高电平。

②第 4 引脚，该引脚接高电平，NE555 具备工作条件。

③第 5 引脚，控制阈值电压，一般对地接 0.01μF（103）电容，防止干扰。

④第 6 引脚，当该脚电压高于 $\frac{2}{3}$ VCC 时，输出端输出低电平。

⑤第 7 引脚，用于给电容放电。

NE555 图形符号如图 1-98 所示，用字母 IC 表示。

图 1-97　NE555 定时集成块

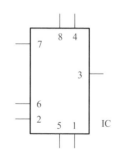

图 1-98　NE555 图形符号

第九节　水银开关、干簧管和红外接收头

一、水银开关

水银开关的工作原理是非常简单的，利用水银（汞）流动触碰内部两个电极，电路导通。与其他开关没有什么太大的区别，只是在使用中要防止玻璃壳破碎。如果水银流出，要及时处理，因为水银对人体有害。

水银开关是在玻璃管内装入规定数量的水银，再引出电极密封而成的。主要用在报警器等电路中。它的外观如图 1-99 所示。

水银开关图形符号如图 1-100 所示，用字母 K 表示。

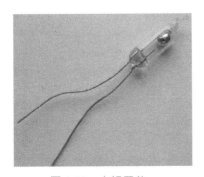 

图 1-99　水银开关　　　　　　　图 1-100　水银开关图形符号

二、干簧管

干簧管是一种因具有磁力感应而使内部接点闭合的开关。干簧管与磁铁相互依存，如图 1-101 所示。

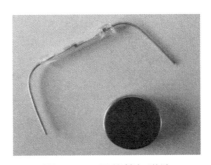

图 1-101　干簧管与磁铁

干簧管的工作原理：玻璃壳内部有两片可磁化的簧片，间隔距离仅为几微米，玻璃壳中装填有高纯度的惰性气体，没有足够的磁力时，两片簧片并未接触，处于常开状态；当外加的磁场使两个簧片端点位置附近产生不同的极性时，会使得不同极性的簧片互相吸引而闭合。干簧管的图形符号如图 1-102 所示，用字母 K 表示。

图 1-102　干簧管图形符号

动手做

干簧管初体验

元器件菜单：3V 电池盒（1个）、1.5V 电池（2节）、按压式接线端子（1个）、100Ω 电阻（1个）、170 面包板（1个）、干簧管+磁铁（1套）、LED（1个）、导线（若干）。

电路图：如图 1-103 所示。

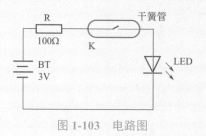

图 1-103　电路图

工作原理浅析：当磁铁靠近干簧管时，干簧管内部金属片闭合，电路导通，LED 点亮。

装配图：见图 1-104。

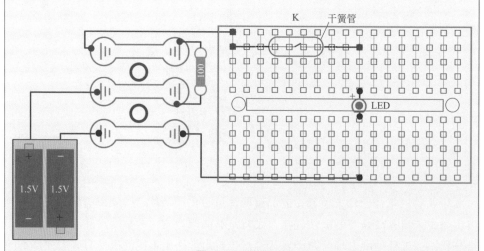

图 1-104　装配图

实物制作：如图 1-105、图 1-106 所示。磁铁远离干簧管时，LED 熄灭；磁铁靠近干簧管时，LED 点亮。

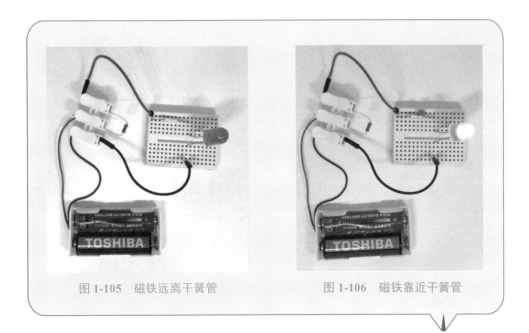

图 1-105　磁铁远离干簧管　　　　　　图 1-106　磁铁靠近干簧管

三、红外接收头

图 1-107 所示为一款红外接收头，引脚从左到右依次是 OUT、GND、VCC，可以接收红外信号，本制作可以和电视机的遥控器配合使用。

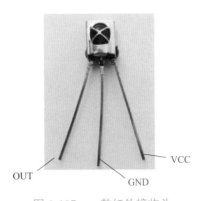

图 1-107　一款红外接收头

第二章

简单小制作

本章通过学习电子制作中经典的电路，并在170孔的面包板上完成有趣制作，帮助读者明白电路工作原理与制作布局，掌握有序搭建元器件的方法，能独立设计完成一系列"小工程"。

色彩缤纷的 LED

一、电路原理浅析

在学习元器件基础的时候，初步掌握了点亮一个 LED 的方法，那么如何点亮多个 LED 呢？当两节电池串联后，电池总电压是 3V，而 LED 的工作电压是 2V 左右，为了安全起见，在电路中每个 LED 都串联一个电阻，确保 LED 能长期安全可靠地工作。

电路如图 2-1 所示。

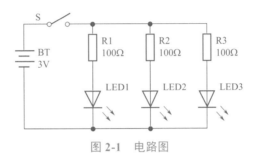

图 2-1 电路图

二、元器件菜单

元器件菜单如表 2-1 所示，实验中 LED 颜色无需严格区分。

表 2-1 元器件菜单

序号	名称	标号	规格	图例
1	电阻	R1、R2、R3	100Ω	
2	发光二极管	LED1	10mm（红）	

续表

序号	名称	标号	规格	图例
3	发光二极管	LED2	10mm（绿）	
4	发光二极管	LED3	10mm（黄）	
5	开关	S	两个引脚	

三、装配调试步骤

步骤1：

安装电阻 R1 ~ R3，导线 L1 ~ L3。面包板装配图如图 2-2 所示，面包板实物图如图 2-3 所示。

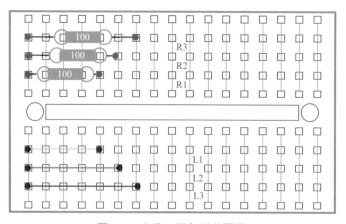

图 2-2 步骤1 面包板装配图

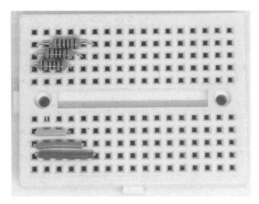

图 2-3　步骤 1 面包板实物图

步骤 2：

安装 LED1 ～ LED3，面包板装配图如图 2-4 所示，面包板制作实物图如图 2-5 所示，通电效果如图 2-6 所示。

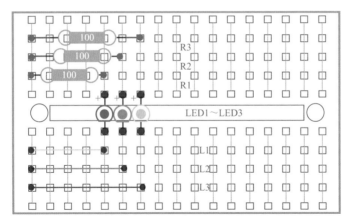

图 2-4　步骤 2 面包板装配图

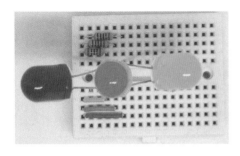

图 2-5　步骤 2 面包板实物图

图 2-6　装配后 LED 通电效果图

步骤 3：

电路中串联开关控制 LED。装配图见图 2-7，实物图见图 2-8，串联开关部分特写放大图见图 2-9。

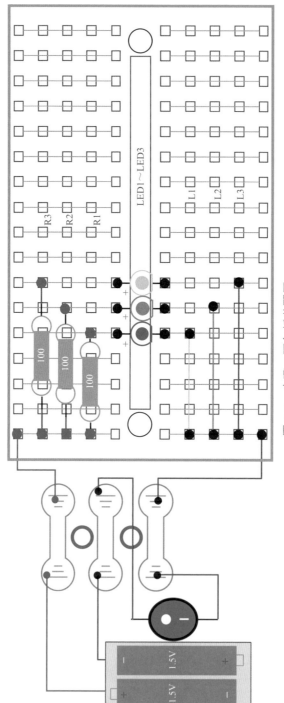

图 2-7　步骤 3 面包板装配图

图 2-8　步骤 3 电路实物图

图 2-9　串联开关特写

步骤 4：

　　尝试将 LED 分布为"花朵"的形状，通电观察效果，电路图与图 2-1 类似，只不过是将三个 LED 换为 5 个，电阻也是 5 个。装配实物图如图 2-10 所示。

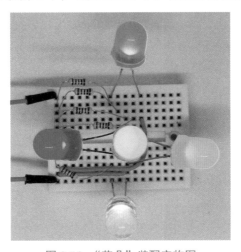

图 2-10　"花朵"装配实物图

注意
事项 为了更好地在面包板上演示，和能拍摄出更清楚的元器件布局，在后面的面包板展示中对元器件的引脚进行修剪，自己在动手制作中可以不修剪。例：电阻引脚未修剪时如图 2-11 所示，修剪后如图 2-12 所示。

图 2-11　未修剪的电阻引脚

图 2-12　修剪后的电阻引脚

知识加油站

根据所学的串联与并联电路的知识，联想家里的电路是怎样的。

串联电路就是将各个元器件顺次首尾连接，然后接入电路。家庭电路中的开关就是串联在电路中。串联电路中，当一个元器件不工作时，其余的元器件就无法工作。在串联电路中，开关的位置改变，不影响控制电路的导通与切断。

并联电路是将各个元器件并列连接（首首相连）在电路的两点之间，比如实验中的各个 LED 通过串联电阻并列接在电源的两端。家庭电路中的电灯、冰箱、电视机等用电器都是并联在电路中的。如图 2-13 所示为家庭用电基本电路。

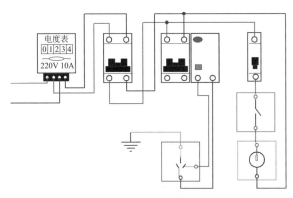

图 2-13　家庭用电基本电路

第二节 # 调光小台灯

一、制作一个调光小台灯

1. 电路原理浅析

通过改变串联在电路中电阻的阻值大小，从而改变 LED 的亮度。阻值越大，LED 越暗；阻值越小，LED 越亮。

电路如图 2-14 所示。

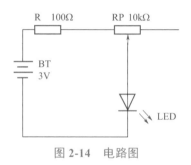

图 2-14 电路图

2. 元器件菜单

元器件菜单如表 2-2 所示。

表 2-2 元器件菜单

序号	名称	标号	规格	图例
1	电阻	R	100Ω	
2	发光二极管	LED	10mm（黄）	
3	电位器	RP	10kΩ	

3. 装配调试

通过调整电位器旋钮，改变电位器电阻值大小，引起 LED 亮度变化。本制作比较简单，不做步骤分解，装配图如图 2-15 所示，电路实物图如图 2-16 所示。

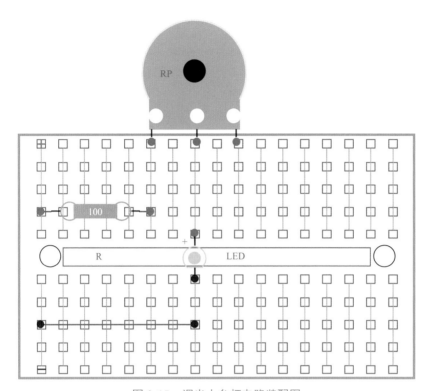

图 2-15　调光小台灯电路装配图

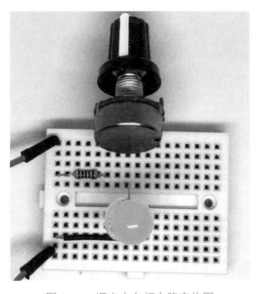

图 2-16　调光小台灯电路实物图

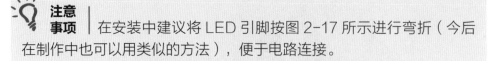

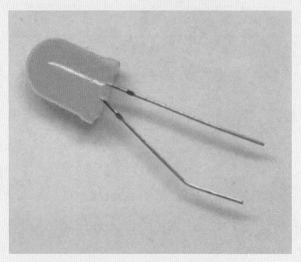

图 2-17　LED 引脚弯折

二、电位器控制两个 LED

1. 电路原理浅析

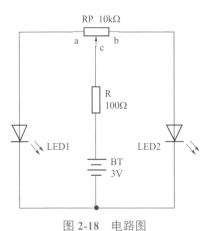

图 2-18　电路图

　　在电路中安装两个 LED，通过调整电位器旋钮，改变电位器电阻值，引起 LED 亮度变化。当 LED1 的亮度变高的时候，LED2 的亮度变低，反之亦然。当电位器 ac 之间的电阻减小的时候，LED1 串联在电路中的电阻减小，亮度增加，但是 bc 之间的电阻增加，LED2 的亮度减小，反之亦然。

　　电路如图 2-18 所示。

2. 元器件菜单

元器件菜单如表 2-3 所示。

表 2-3　两个调光小台灯电路元器件菜单

序号	名称	标号	规格	图例
1	电阻	R	100Ω	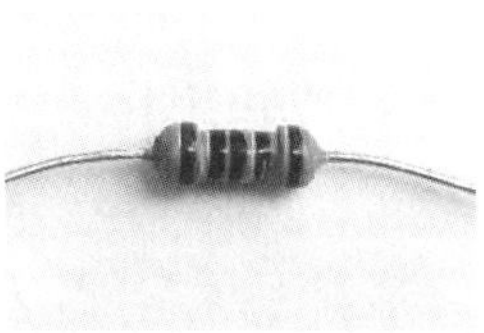
2	发光二极管	LED1	10mm（绿）	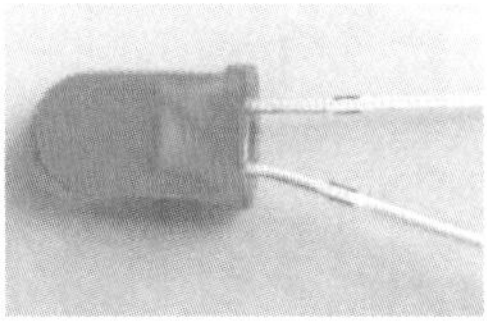
3	发光二极管	LED2	10mm（红）	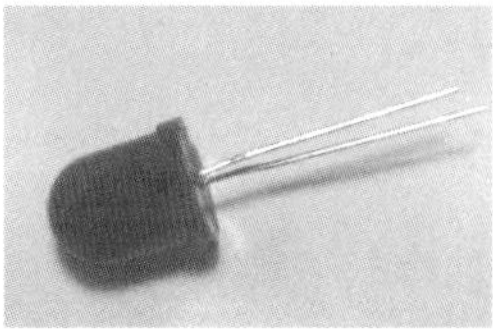
4	电位器	RP	10kΩ	

3. 装配调试

电路装配图如图 2-19 所示，电路实物图如图 2-20 所示。本制作比较简单，不做步骤分解。

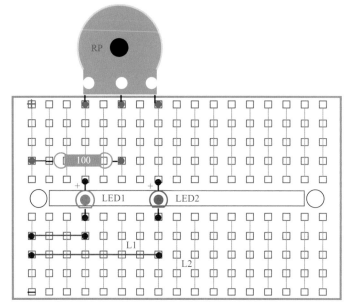

图 2-19　两个调光小台灯电路装配图

图 2-20　两个调光小台灯电路实物图

三、分压电路控制 LED 的亮度

1. 电路原理浅析

　　电位器在电路中接成分压形式，LED 两端的电压就是电位器滑动臂与电源负极之间的电压。当这段电路中电阻阻值越大的时候，两端电压也越大，LED 也就越亮。当滑动臂滑到 a 端,电位器分得的电压达到最大值。

电路如图 2-21 所示。

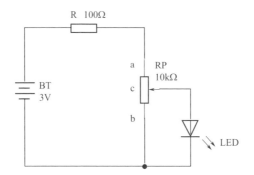

图 2-21 分压电路控制 LED 亮度电路图

2. 元器件菜单

元器件菜单参照本章表 2-1。

3. 装配调试

电路装配图如图 2-22 所示,面包板实物图如图 2-23 所示。本制作比较简单,不做步骤分解。

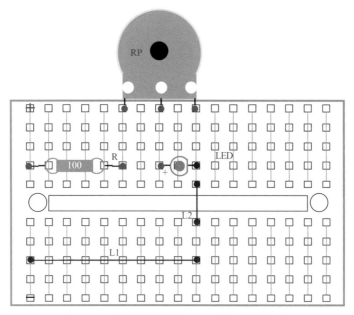

图 2-22 分压电路控制 LED 亮度电路装配图

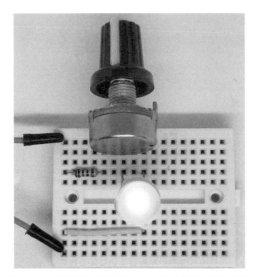

图 2-23　分压电路控制 LED 亮度面包板实物图

第三节　炫彩夺目 RGB LED

RGB LED 俗称全彩二极管，目前主要应用在全彩 LED 显示屏。内部集成有三个 LED，一个红色（R），一个绿色（G），一个蓝色（B）。通过控制各个 LED 的亮度，就可以混合出多种颜色。其内部结构如图 2-24 所示。

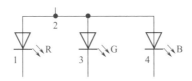

图 2-24　RGB LED 内部结构

实验中采用的是共阳 RGB LED，共有 4 个引脚，最长的引脚接电源的正极，其他引脚串联限流电阻，以防止电流过大而被烧坏。

一、电路原理浅析

如图 2-25 电路所示，当按键 S1 导通的时候，RGB LED 内部的红色 LED 点亮；当按键 S2 导通的时候，RGB LED 内部的绿色 LED 点亮；当按键 S3 导通的时候，RGB LED 内部的蓝色 LED 点亮。当 S1 与 S2 同时导通的时候，由于红色＋绿色＝黄色，呈现的就是黄色，可以尝试其他的组合。在实际应用中一般是通过程序控制，显示出五颜六色的效果。

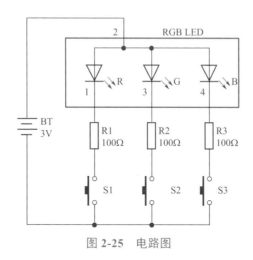

图 2-25　电路图

二、元器件菜单

元器件菜单如表 2-4 所示。

表 2-4　元器件菜单

序号	名称	标号	规格	图例
1	电阻	R1 ~ R3	100Ω	
2	RGB LED	RGB LED	10mm	
3	按键	S1 ~ S3	两个引脚	

三、装配调试步骤

安装三个限流电阻 R1、R2、R3 和三个按键 S1、S2、S3。装配图以及实物图分别如图 2-26 和图 2-27 所示。

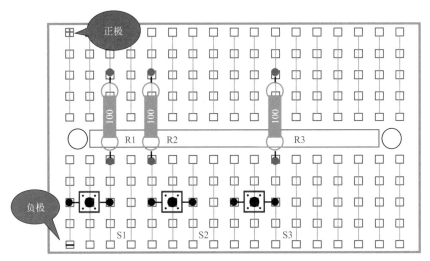

图 2-26　步骤 1 装配图

图 2-27　步骤 1 实物图

安装 L1 ～ L4 导线、RGB LED。装配图以及实物图分别如图 2-28 和图 2-29 所示。

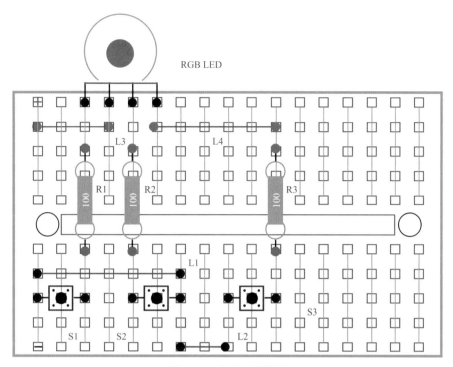

图 2-28　步骤 2 装配图

图 2-29　步骤 2 实物图

知识加油站

WS2812B 是一款可编程 LED，单个灯珠包含 RGB LED 以及控制芯片。电子爱好者可以用 Arduino 控制板，通过编程控制 RGB LED 变换不同的颜色效果。灯带效果如图 2-30 所示。如今大型的墙体动画灯光效果，大多数都是采用可编程的 LED 来完成的。

单个可编程 LED 的实物如图 2-31 所示。

图 2-30　WS2812B 灯带

图 2-31　单个可编程 LED

第四节　触摸一个点就可发光的 LED

一、电路原理浅析

由于三极管 VT1 的基极悬空，使 VT1 截止，进而 VT2 基极无电流也截止，同理 VT3 也是截止状态，LED 熄灭；当用手触摸三极管 VT1 的基极时（也可直接触摸电源正极与触摸点），杂波信号引起 VT1 导通，继而 VT2、VT3 也导通，LED 点亮。

电路图如图 2-32 所示。

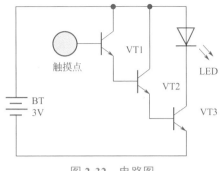

图 2-32　电路图

二、元器件菜单

元器件菜单如表 2-5 所示，实验中 LED 颜色无需严格区分。

表 2-5　元器件菜单

序号	名称	标号	规格	图例
1	发光二极管	LED	10mm（红）	
2	三极管	VT1 ~ VT3	8050	

三、装配调试步骤

步骤 1：

安装 VT1 ~ VT3。电路装配图如图 2-33 所示，面包板实物图如图 2-34 所示。

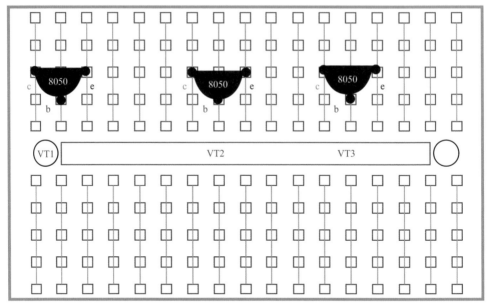

图 2-33 步骤 1 电路图

图 2-34 步骤 1 实物图

步骤 2:

安装导线 L1 ~ L3 以及 LED。电路装配图如图 2-35 所示,面包板实物图如图 2-36 所示。

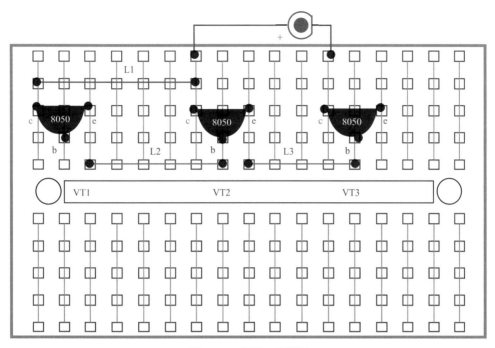

图 2-35　步骤 2 装配图

图 2-36　步骤 2 实物图（红色导线用于触摸使用，仅在实物图中体现）

步骤 3：

连接电源。注意电池负极引线连接，装配图如图 2-37 所示，面包板实物图如图 2-38 所示。

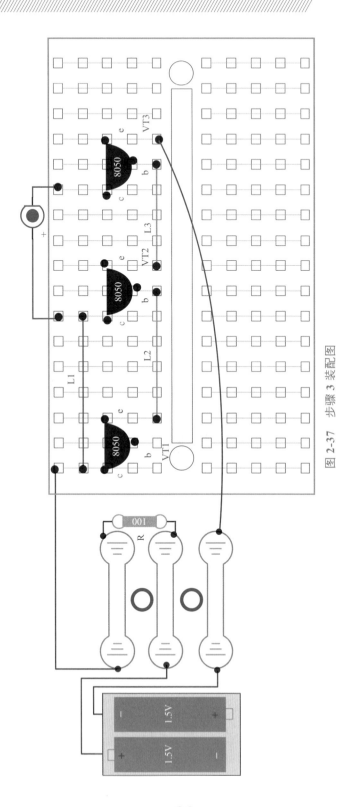

图 2-37　步骤 3 装配图

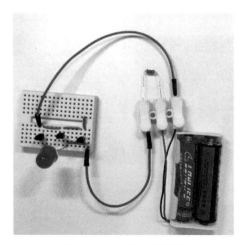

图 2-38　步骤 3 实物图

在制作中为了保护 LED，可以采取本制作的方法，在白色接线端子中串联阻值为 100Ω 的电阻。

知识加油站

1. 电源串联限流电阻的方法

如图 2-39 所示，为在电源的正极串联 100Ω 电阻的电路图。

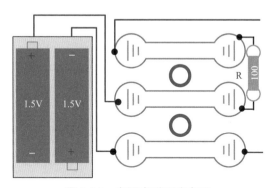

图 2-39　电源串联限流电阻

2. 人体是导体

通过以上制作可以发现，人体是导体，是可以导电的。在干燥环境中，人体电阻大约在 2kΩ 至 20MΩ 范围内。当发现高压线掉落，不要贸然捡起，否则会发生触电伤亡事故。当遇到如图 2-40 所示的图标时，不要靠近！

图 2-40　有电危险图标

110/119/120 报警的制作

如图 2-41 所示是一款报警芯片，根据选声引脚所接电平高低的不同，能发出 110/119/120 等不同的报警声。

图 2-41　报警芯片

对音乐芯片（集成块）引脚进行识别，仔细观察表面有封装时压出的半圆形标志。将集成块水平放置，引脚向下，半圆形标志朝左边，左下角为第一个引脚，其次按逆时针方向数，依次为 2、3、4、5 等。

芯片引脚功能如表 2-6 所示。

表 2-6　芯片引脚功能

序号	标注	功能	序号	标注	功能
1	OUT	信号输出	5	OSC	外接振荡电阻
2	VCC	正极	6	OSC	外接振荡电阻
3	F1	选声端	7	F2	选声端
4	NC	空脚	8	VSS（GND）	负极

使用芯片的注意事项：电源电压不能超过 3.6V，振荡电阻取值范围为 100 ~ 240kΩ，阻值大小影响输出频率。经过多次试验，当电源电压为 3V，电阻值为 200kΩ 时，输出各种声音最逼真。最关键的是选声端 F1、F2 接入方法，参照表 2-7。

表 2-7　选声接法

F1	F2	报警音效
不接	不接	110
VCC	不接	119
VSS	不接	120
不接	VCC	机关枪

一、电路原理浅析

选声端 F1、F2 都不接，默认发出 110 的声音。当按下按键 S1 时，相当于 F1 与电源的正极连接，发出 119 的声音。当按下按键 S2 时，相当于 F1 与电源的负极连接，发出 120 的声音。本电路中设计了一路灯光警示电路，即串联了电阻 R2 与 LED 的电路。

电路如图 2-42 所示。

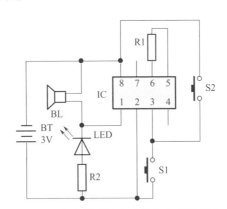

图 2-42　电路图（注意电池正负极接法）

二、元器件菜单

元器件菜单如表 2-8 所示。

表 2-8 元器件菜单

序号	名称	标号	规格	图例
1	电阻	R1	200kΩ	
2	七彩 LED	LED	5mm	
3	按键	S1、S2	两个引脚	
4	电阻	R2	100kΩ	
5	扬声器	BL	8Ω	
6	（报警芯片）L9561	IC	DIP-8	

三、装配调试步骤

步骤 1：

安装报警芯片 IC、电阻 R1、"喇叭" BL 和导线 L1 ~ L5。（注意面包板电源的正负极。）

装配图以及实物图分别如图 2-43 和图 2-44 所示。

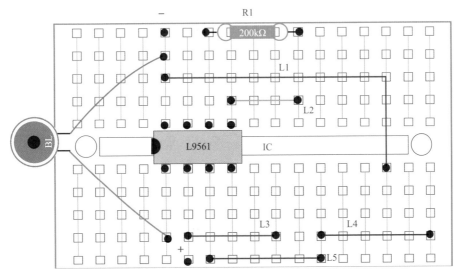

图 2-43　步骤 1 装配图

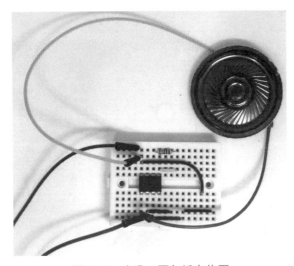

图 2-44　步骤 1 面包板实物图

步骤 2：

安装按键 S1、S2、电阻 R2、LED，并连接电源。装配图图以及实物图分别如图 2-45 和图 2-46 所示。

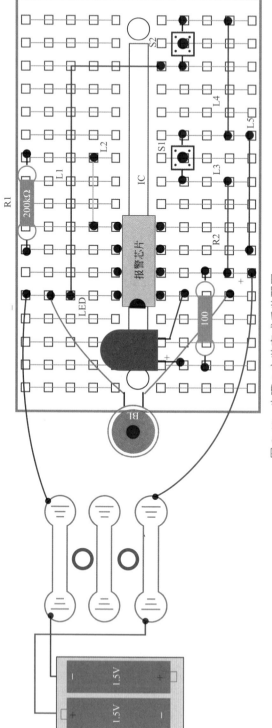

图 2-45　步骤 2 安装完成后装配图

图 2-46　步骤 2 安装完成后实物图

知识加油站

　　扬声器（喇叭）是一种把电信号转变为声信号的换能器件，主要由磁体、线圈和纸盆三部分组成。其内、外部结构如图 2-47 所示。

　　交流电通过扬声器上的线圈并切割磁感线，线圈会上下振动，大小和方向则根据电流的大小和方向而改变，同时带动扬声器的纸盆振动，纸盆上下振动产生声波。当声波传到人的耳朵里，我们就可以听到声音了。

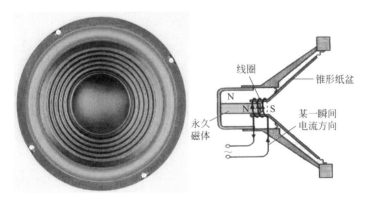

图 2-47　扬声器内、外部结构

第六节　航标灯

一、电路原理浅析

刚通电的时候，电源经过电阻 R 给电容 C 充电，在三极管 VT1 的基极电压上升至 0.7V 前的这段时间，VT1 处于截止状态，VT2 也处于截止状态，LED 熄灭，电路如图 2-48 所示。当三极管 VT1 的基极电压达到 0.7V 的时候，VT1 导通，VT2 也导通，LED 点亮。与此同时，电容 C 通过发射极放电。当 VT1 基极电压降到 0.7V 以下时，VT1 截止，VT2 截止，LED 熄灭，进入下一个循环，LED 闪烁工作。

电路如图 2-48 所示。

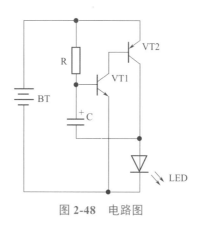

图 2-48　电路图

二、元器件菜单

元器件菜单如表 2-9 所示。

表 2-9　元器件菜单

序号	名称	标号	规格	图例
1	电阻	R1	470kΩ	

续表

序号	名称	标号	规格	图例
2	发光二极管	LED	10mm	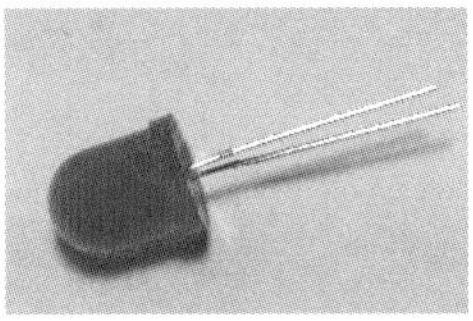
3	电容	C	10μF	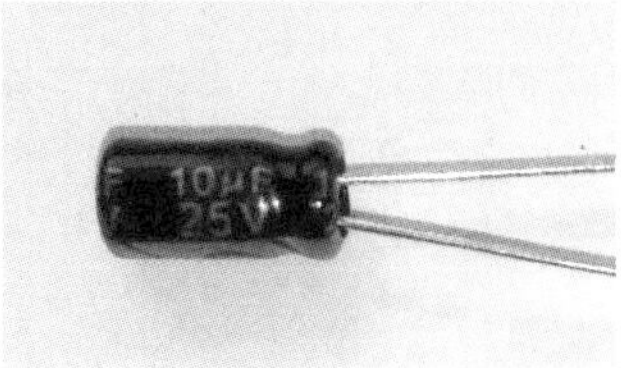
4	三极管	VT1	8050	
5	三极管	VT2	8550	

三、装配调试步骤

步骤1：

安装三极管 VT1、VT2，电阻 R 以及导线 L1 ~ L4。装配图以及实物图分别如图 2-49 和图 2-50 所示。

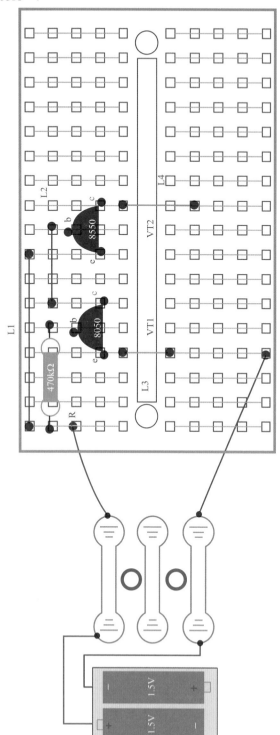

图 2-49 步骤 1 装配图

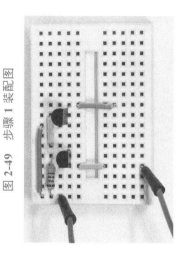

图 2-50 步骤 1 实物图

步骤 2：

安装 LED 和电容 C，并连接电源。装配图以及实物图分别如图 2-51 和图 2-52 所示。

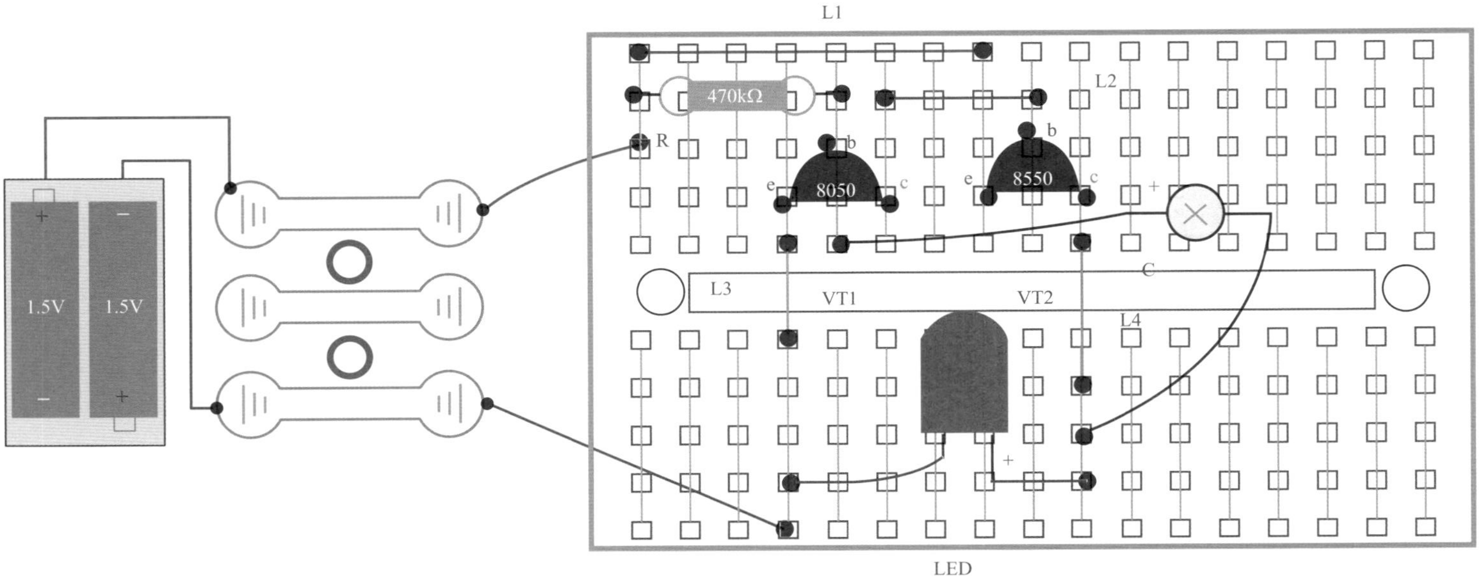

图 2-51 步骤 2 装配图

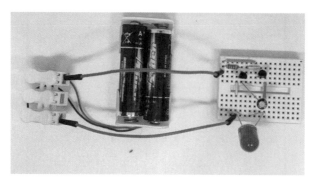

图 2-52 步骤 2 实物图

知识加油站

有源蜂鸣器与无源蜂鸣器的区别。查看外观，如图 2-53 所示，可以看到电路板，是无源蜂鸣器，图 2-54 中看不见电路板，是有源蜂鸣器。

图 2-53 无源蜂鸣器

图 2-54 有源蜂鸣器

有源蜂鸣器只需要加上额定直流电压就可以工作，引脚需要区分正负极性。而无源蜂鸣器使用中引脚不需要区分正负极，但是需要输入变化的电流信号才能输出声音，其类似于扬声器（喇叭）。

第七节 磁控报警器

一、电路原理浅析

磁控报警器电路如图 2-55 所示，当干簧管旁边没有磁铁的时候，其内部触点是断开的，有磁铁的时候则是闭合的。

当磁铁离开干簧管一定距离时，干簧管内部接触点断开，三极管 VT1 的基极电压升高，VT1 进入导通状态，此时 VT2 也处于导通状态，有源蜂鸣器 HA 得电报警；当磁铁靠近干簧管时，干簧管内部接触点闭合，三极管 VT1 的基极相当于与电源的负极连接，VT1 截止，VT2 也处于截止状态，有源蜂鸣器 HA 停止报警。此报警器可以作为防盗报警器，磁铁放置在门框上，其他电路放置在门上，当门推开的时候，干簧管远离磁铁，电路报警。

电路如图 2-55 所示。

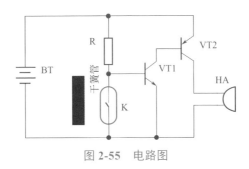

图 2-55　电路图

二、元器件菜单

元器件菜单如表 2-10 所示。

表 2-10　元器件菜单

序号	名称	标号	规格	图例
1	电阻	R	47kΩ	
2	蜂鸣器	HA		

序号	名称	标号	规格	图例
3	干簧管	K		
4	磁铁			
5	三极管	VT1	8050	
6	三极管	VT2	8550	

三、装配调试步骤

步骤 1：

安装三极管 VT1、VT2，电阻 R 以及导线 L1 ~ L5。装配图以及实物图分别如图 2-56 和图 2-57 所示。

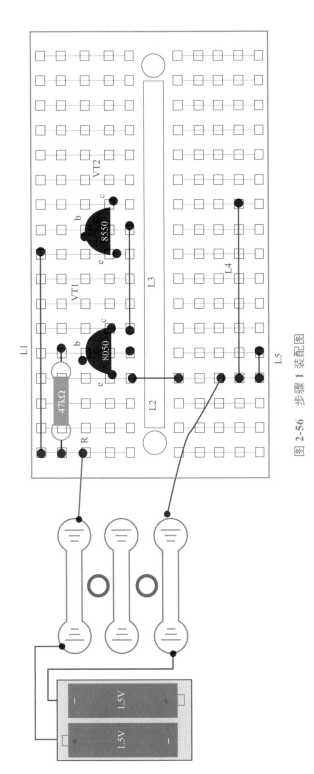

图 2-56 步骤 1 装配图

图 2-57 步骤 1 实物图

79

电子制作
入门

步骤 2:

安装蜂鸣器 HA 和干簧管 K。装配图以及实物图分别如图 2-58 和图 2-59 所示。

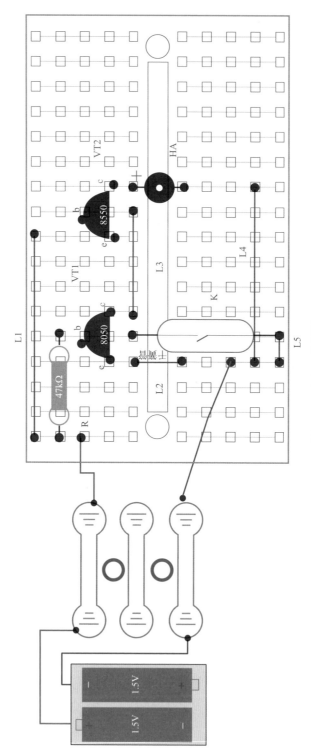

图 2-58 步骤 2 装配图

80

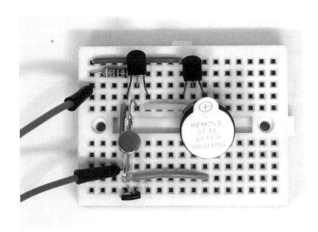

图 2-59 步骤 2 实物图

 知识加油站

生活中的磁现象

1. 磁卡

磁卡用途广泛，比如银行卡（见图 2-60）、饭卡等。磁卡一般是卡片形状，上面有一条黑色的磁性介质（磁条），利用磁性载体记录信息。

2. 冰箱门内部

为了冰箱门能关闭严实，设计人员在冰箱门内部安装了磁铁。

3. 螺丝刀磁头

为了提高安装螺钉的效率，质量好的螺丝刀在头部都磁化了，便于吸引螺钉，如图 2-61 所示。

图 2-60 银行卡

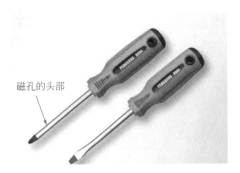

图 2-61 螺丝刀

81

温控报警器

一、电路原理浅析

电阻 R1 与热敏电阻 RT 构成分压电路，当热敏电阻 RT 检测到温度升高时，其阻值随温度的升高而降低，从而 RT 分压降低，最终使三极管 VT1 变为截止状态，三极管 VT1 集电极电压升高，三极管 VT2 导通，LED 点亮。当温度降低后，VT1 导通，VT2 截止，LED 熄灭。

电路如图 2-62 所示。

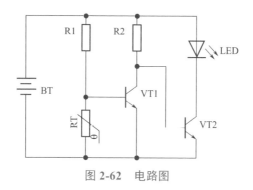

图 2-62　电路图

二、元器件菜单

元器件菜单如表 2-11 所示。

表 2-11　元器件菜单

序号	名称	标号	规格	图例
1	电阻	R1	100kΩ	
2	电阻	R2	47kΩ	

续表

序号	名称	标号	规格	图例
3	热敏电阻	RT		
4	三极管	VT1、VT2	8050	
5	发光二极管	LED	10mm	

三、装配调试步骤

步骤 1：

安装三极管 VT1、VT2，电阻 R1、R2 以及导线 L1～L4。（注意面包板电源的正负极。）装配图以及实物图分别如图 2-63 和图 2-64 所示。

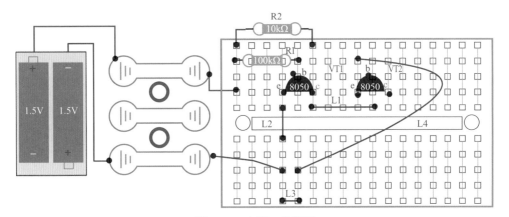

图 2-63　步骤 1 装配图

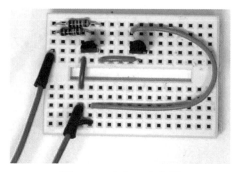

图 2-64　步骤 1 实物图

步骤 2:

安装热敏电阻 RT 以及 LED。装配图以及实物图分别如图 2-65 和图 2-66 所示。

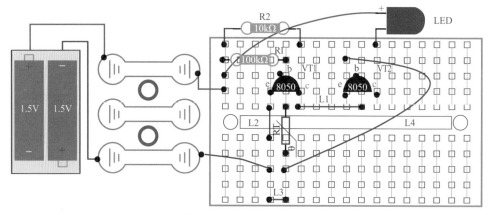

图 2-65　步骤 2 装配图

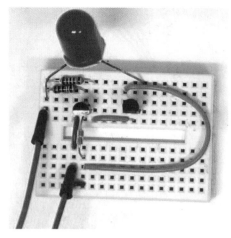

图 2-66　步骤 2 实物图

知识加油站

这里介绍两款温度传感器：DS18B20 和 LM35，均采用单片机采集温度数值。

1. DS18B20

DS18B20 是一款数字化温度传感器，电路简化、测温精度高、响应迅速，广泛应用于工业生产及日常生活中。其为总线结构，外围电路非常简洁。如图 2-67 所示，其与前面介绍的 8550 三极管相似，也是三个引脚。其中，GND 为电源接地端，DQ 为数据输入 / 输出端，VCC 为电源输入端。

2. LM35

LM35 也是一种常见的温度传感器，如图 2-68 所示是它的一种封装形式，引脚从左到右依次是 VCC、信号输出 VOUT 和 GND，工作电压为 4 ~ 30V。

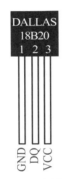

图 2-67　DS18B20 引脚排列示意图

图 2-68　LM35

第九节　绿植伴侣

一、电路原理浅析

当绿植花盆中土壤缺水时，插在土壤中两条检测线之间的电阻值增大，分压升高，三极管 VT1 导通，VT2 截止，LED1（绿）熄灭，VT3 导通，LED2（红）点亮，提示主人花盆缺水。当土壤湿润的时候，两条检测线之间的电阻值降低，分压降低，三极管 VT1 截止，VT2 导通，LED1（绿）点亮，VT3 截止，LED2（红）

熄灭，提示主人暂时不缺水。

电路如图 2-69 所示。

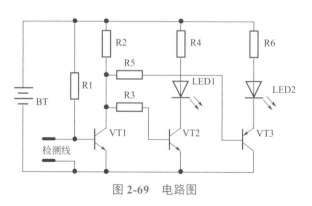

图 2-69　电路图

二、元器件菜单

元器件菜单如表 2-12 所示。

表 2-12　元器件菜单

序号	名称	标号	规格	图例
1	电阻	R1	100kΩ	
2	电阻	R2	10kΩ	
3	电阻	R3、R5	1kΩ	

续表

序号	名称	标号	规格	图例
4	电阻	R4、R6	100Ω	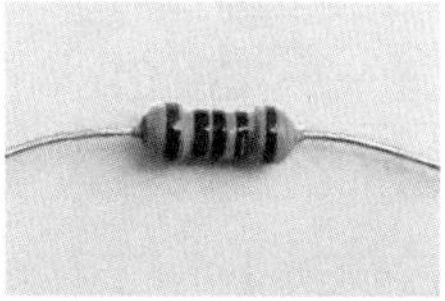
5	发光二极管	LED1	10mm（绿）	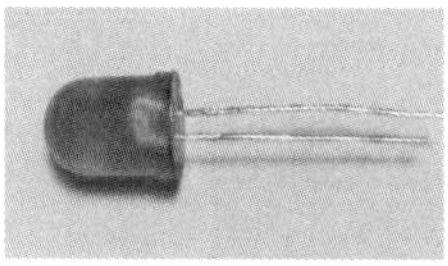
6	发光二极管	LED2	10mm（红）	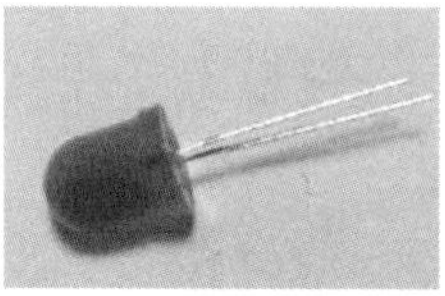
7	三极管	VT3	8550	
8	三极管	VT1、VT2	8050	

三、装配调试步骤

步骤 1：

安装三极管 VT1、VT2、VT3，电阻 R1 ~ R6 以及导线 L1 ~ L4。装配图以及实物图分别如图 2-70 和图 2-71 所示。

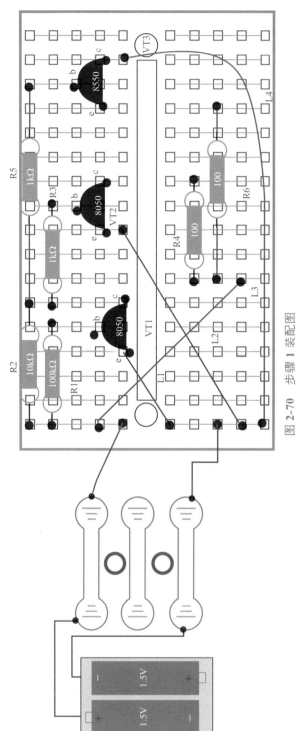

图 2-70　步骤 1 装配图

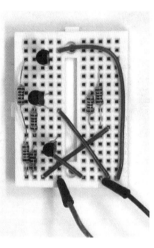

图 2-71　步骤 1 实物图

步骤 2:

安装 LED1、LED2 和两条检测线。装配图以及实物图分别如图 2-72 和图 2-73 所示。

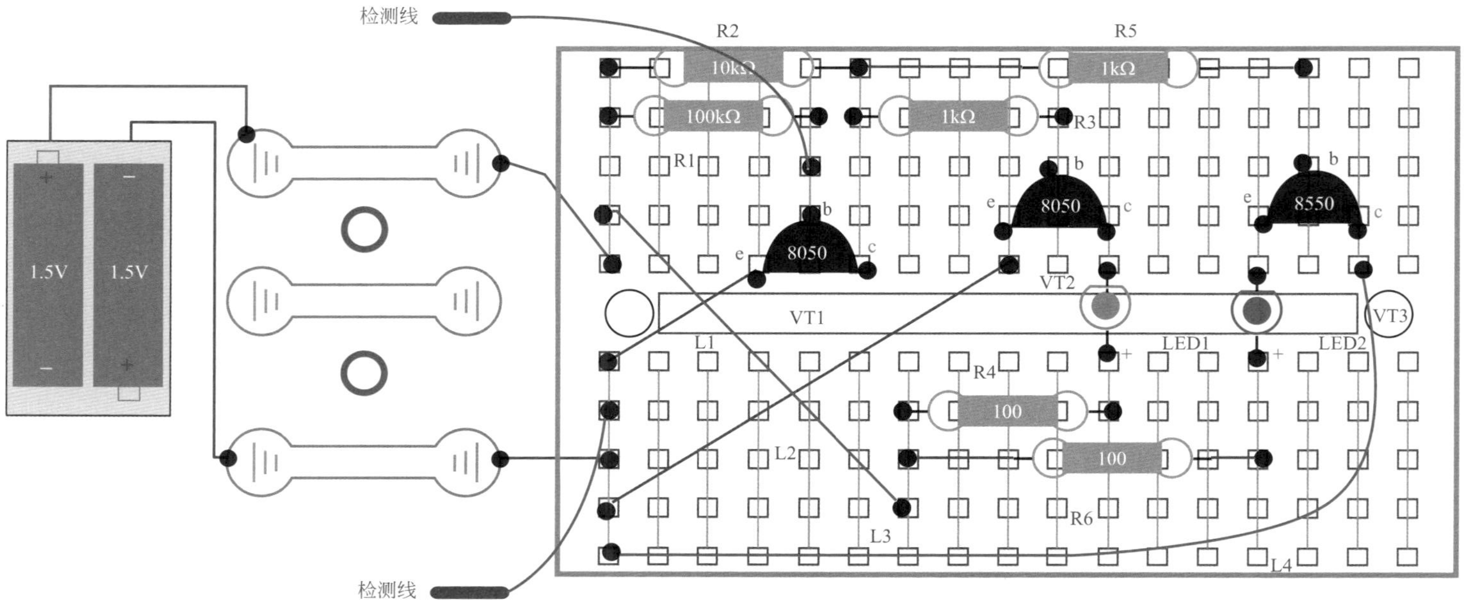

图 2-72 步骤 2 装配图

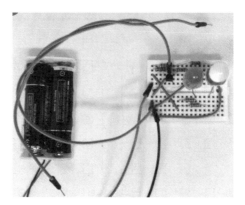

图 2-73　步骤 2 实物图

知识加油站

LED 限流电阻计算方法

以红色发光二极管为例，电流在 3 ~ 20mA 都可以。LED 电流取值 10mA，电压为 2V，计算接在 3V 电池需要串联多大的电阻。

3V 电源给 LED 供电，在串联电路中电流处处相等，流过 LED 的电流是 10mA，那么流过电阻的电流也是 10mA（0.01A）；LED 的电压是 2V，串联电路总电压减去 2V，即为电阻承担的电压。

电阻上承担的电压：3V-2V=1V。

电阻计算：1V/（0.01A）=100Ω。

第十节　模拟警灯

一、电路原理浅析

刚上电时，由于电容 C 两端的电压不能突变，IC（NE555）处于置位状态，3 脚输出高电平，LED1 不亮，LED2 点亮，同时 IC 内部放电三极管 VT 处于截止状态，电源通过电阻 R1、R2 对电容 C 充电。随着时间延长，当电容 C 电压达到 $\frac{2}{3}$ VCC 时，3 脚输出低电平，LED1 点亮，LED2 熄灭。同时 IC 内部放电三极管 VT 处于导通状态，电容 C 通过电阻 R2、VT 放电，当电容 C 上电压降到 $\frac{1}{3}$ VCC 时，3 脚输出又呈现高电平，不断循环出现。LED1 与 LED2 不断闪烁工作，模拟警灯工作状态。

3 脚高低电平转换时间长短与电阻 R1、R2 以及电容 C 有关。

电路如图 2-74 所示。

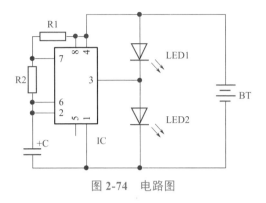

图 2-74　电路图

二、元器件菜单

元器件菜单如表 2-13 所示。

表 2-13　元器件菜单

序号	名称	标号	规格	图例
1	电阻	R1、R2	10kΩ	
2	NE555	IC	DIP-8	
3	电容	C	10μF	

续表

序号	名称	标号	规格	图例
4	发光二极管	LED1	10mm（蓝）	
5	发光二极管	LED2	10mm（红）	

三、装配调试步骤

步骤 1：

安装 IC，电阻 R1、R2 及导线 L1 ~ L8。装配图以及实物图分别如图 2-75 和图 2-76 所示。

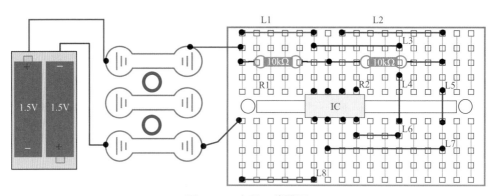

图 2-75　步骤 1 装配图

图 2-76　步骤 1 实物图

步骤 2：
　　安装 LED1、LED2 和电容 C。装配图以及实物图分别如图 2-77 和图 2-78 所示。

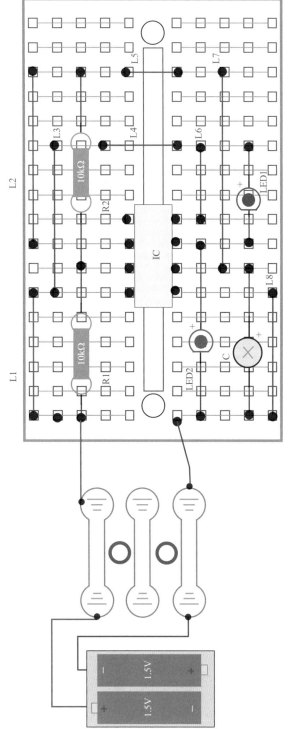

图 2-77　步骤 2 装配图

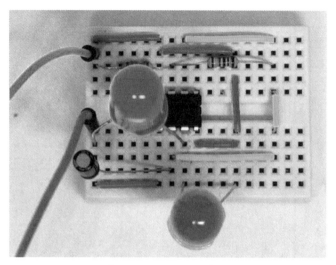

图 2-78　步骤 2 实物图

知识加油站

度是一个电能计量单位，思考一下每个月家里的电器用了多少度电。

那究竟什么是度呢？简单地说，1 千瓦的用电器（比如电暖器、空调等）使用 1 小时，所消耗的电能就是 1 度（千瓦时）电。

什么是千瓦呢？千瓦是功率的单位，仔细观察用电器的铭牌，都会标注这个用电器的功率是多大的。比如电磁炉的功率，标注的是 2100W，功率的单位是瓦特，简称瓦，用英文字母 W 表示，经常使用的功率单位还有千瓦，用 kW 表示。

第十一节　光控变音报警器

一、电路原理浅析

三极管 VT1 与 VT2 组成互补型自激多谐振荡器，光敏电阻 RG 与电容 C 决定电路振荡频率，RG 电阻值随着光线强弱改变。当光线亮的时候，RG 电阻值减小，振荡频率变高；反之电阻值增加，振荡频率变低。光线不同的时候，蜂鸣器 HA 发出不同的变音效果。

电路如图 2-79 所示。

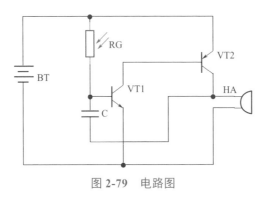

图 2-79　电路图

二、元器件菜单

元器件菜单如表 2-14 所示。

表 2-14　元器件菜单

序号	名称	标号	规格	图例
1	光敏电阻	RG	5537	
2	电容	C	103	

续表

序号	名称	标号	规格	图例
3	三极管	VT1	8050	
4	三极管	VT2	8550	
5	蜂鸣器	HA		

三、装配调试步骤

步骤 1:

安装三极管 VT1、VT2，电容 C，导线 L1 ～ L7。

步骤 1 装配图以及实物图分别如图 2-80、图 2-81 所示。

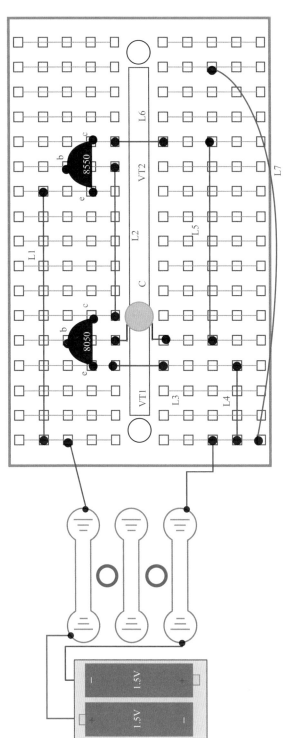

图 2-80　步骤 1 装配图

图 2-81　步骤 1 实物图

步骤 2:

安装光敏电阻 RG 和蜂鸣器 HA。

步骤 2 装配图以及实物图分别如图 2-82、图 2-83 所示。

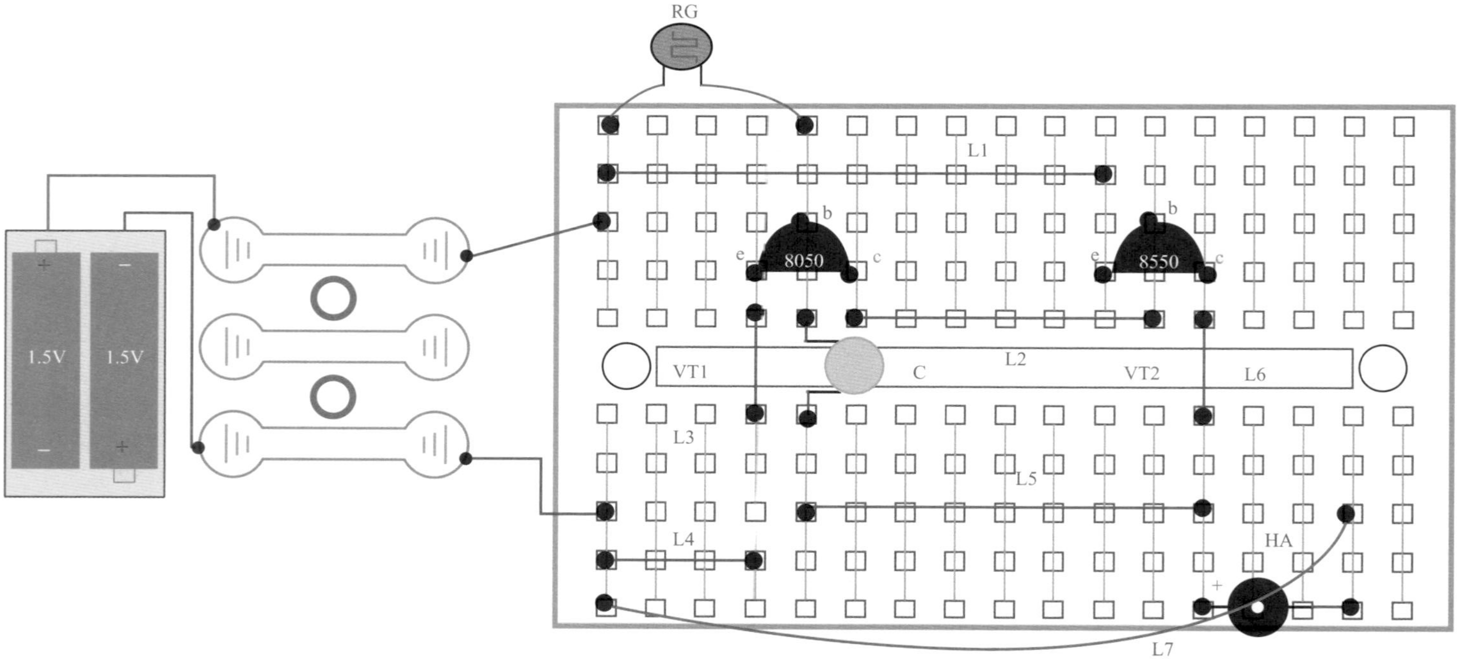

图 2-82　步骤 2 装配图

图 2-83　步骤 2 实物图

知识加油站

电路有三种状态：通路、断路（开路）和短路。

1. 通路

通路是指电路中有正常的电流流过用电器。电路构成有电源、开关、导线、用电器等，也称之为回路。

2. 断路（开路）

断路是指电路某一处断开，没有电流流过用电器。

在日常生活中我们通常利用开关实现电路的通断，比如家里的电灯，我们就要安装开关来控制。

3. 短路

短路是指用导线将用电器或者电源两端连接起来，电流直接从导线经过，不经过用电器。如图 2-84 所示，短路一属于电源短路，短路二属于用电器（在这里是 LED）短路。

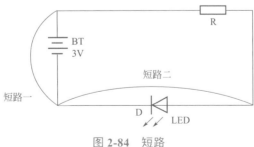

图 2-84　短路

第十二节　模拟汽车倒车声光效果

一、电路原理浅析

　　刚上电时，由于电容 C 两端的电压不能突变，IC 处于置位状态，3 脚输出高电平，LED 熄灭，蜂鸣器 HA 不工作，同时 IC 内部放电，三极管 VT 处于截止状态，电源通过电阻 R1、R2 对电容 C 充电，随着时间延长，当电容 C 电压达到 $\frac{2}{3}$ VCC 时，IC 的 3 脚输出低电平，LED 点亮，蜂鸣器 HA 工作。同时 IC 内部放电，三极管 VT 处于导通状态，电容 C 通过电阻 R2、VT 放电。当电容 C 电压降到 $\frac{1}{3}$ VCC 时，3 脚输出又呈现高电平。不断循环出现，达到 LED 闪烁的同时，蜂鸣器 HA 发出"嘀嘀"声的效果。

　　电路如图 2-85 所示。

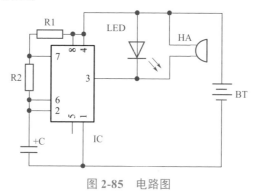

图 2-85　电路图

二、元器件菜单

　　元器件菜单如表 2-15 所示。

表 2-15　元器件菜单

序号	名称	标号	规格	图例
1	电阻	R1、R2	10kΩ	

续表

序号	名称	标号	规格	图例
2	NE555	IC	DIP-8	
3	电容	C	47μF	
4	蜂鸣器	HA		
5	发光二极管	LED	10mm（红）	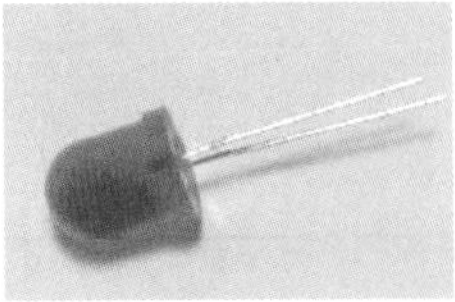

三、装配调试步骤

步骤 1：

安装 IC，电阻 R1、R2，导线 L1 ~ L9。

步骤 1 装配图以及实物图分别如图 2-86、图 2-87 所示。

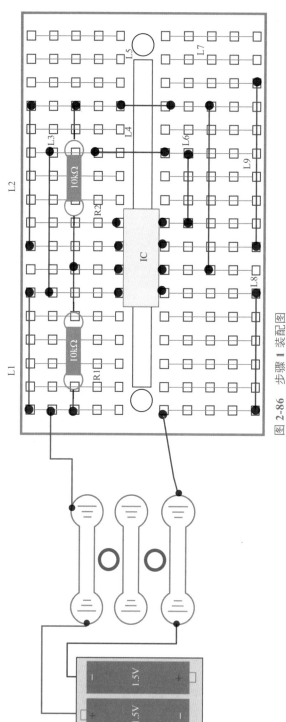

图 2-86 步骤 1 装配图

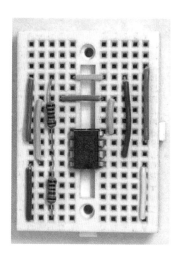

图 2-87 步骤 1 实物图

102

步骤 2：

安装 LED、电容 C、蜂鸣器 HA。

步骤 2 装配图以及实物图分别如图 2-88、图 2-89 所示。

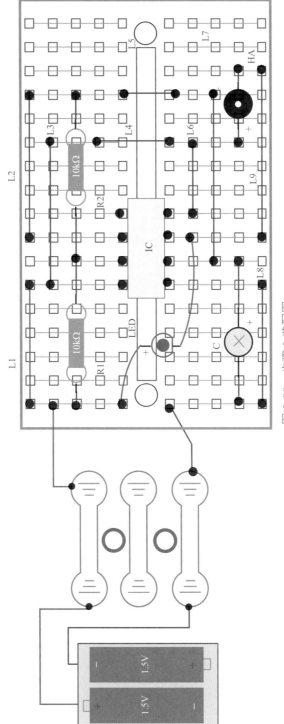

图 2-88　步骤 2 装配图

图 2-89　步骤 2 实物图

 知识加油站

1. 串联电路与并联电路

串联与并联电路是电子学中最重要的电路，生活中的电扇、电视机、电灯等用电器相互并联，与控制开关一起串联在电路中。如图 2-90 所示，电路只有一条干路，电流从串源正极出发，流经 R1、LED1、LED2 到电源的负极。

串联电路电压规律：电源总电压等于各个用电器（LED、电阻等）的电压之和。即图 2-90 中 R1、LED1、LED2 的电压之和一定等于电源电压。

串联电路电流规律：电流处处相等。即图 2-90 中流过 LED1、LED2、R1 以及电池 BT 的电流是一样的。

2. 并联电路

如图 2-91 所示，电流有两条支路。电流从正极出发，流经 R1 与 LED1 到电源负极是一个支路，另一个支路是从电源正极经过 R2、LED2 到电源的负极。

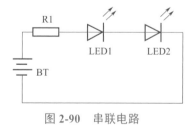

图 2-90　串联电路

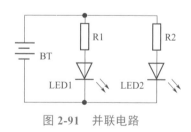

图 2-91　并联电路

104

　　并联电路电压规律：电源总电压等于各个支路的电压（图 2-91 中，一个 LED 相当于一个支路），即电源电压等于 R1 和 LED1 组成支路的电压，同时也等于 R2 和 LED2 所组成支路的电压。

　　并联电路电流规律：各个支路电流之和等于总电流。即流过 LED1 的电流与流过 LED2 的电流之和等于流过电池的总电流。

第十三节　防盗报警器

一、电路原理浅析

　　电路原理与前面介绍的类似，当 IC 的 4 脚是高电平的时候，电路正常工作；当 4 脚是低电平时，将 4 脚通过细导线接到电源 BT 的负极，IC 强制复位，电路不工作。警戒线围绕在门窗等需要设防的地方，当不法分子碰断警戒线时，IC 的 4 脚复位解除，电路工作，蜂鸣器 HA 报警。

　　电路如图 2-92 所示。

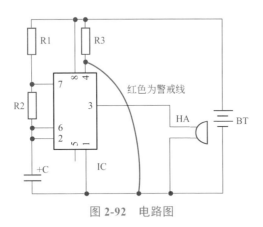

图 2-92　电路图

二、元器件菜单

　　元器件菜单如表 2-16 所示。

表 2-16　元器件菜单

序号	名称	标号	规格	图例
1	电阻	R1	10kΩ	
2	电阻	R2	100kΩ	
3	电阻	R3	47kΩ	
4	NE555	IC	DIP	
5	电容	C	103	
6	蜂鸣器	HA		

三、装配调试步骤

步骤 1：

安装 IC、电阻 R1 ~ R3、导线 L1 ~ L8。

步骤 1 装配图以及实物图分别如图 2-93、图 2-94 所示。

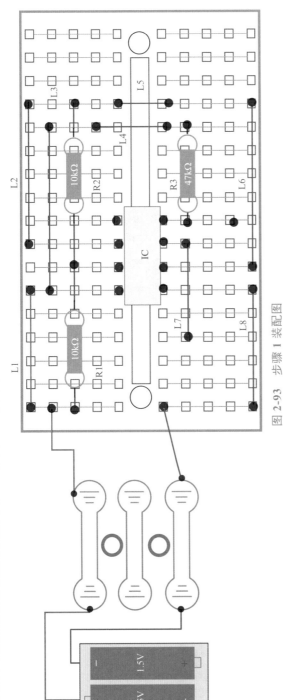

图 2-93 步骤 1 装配图

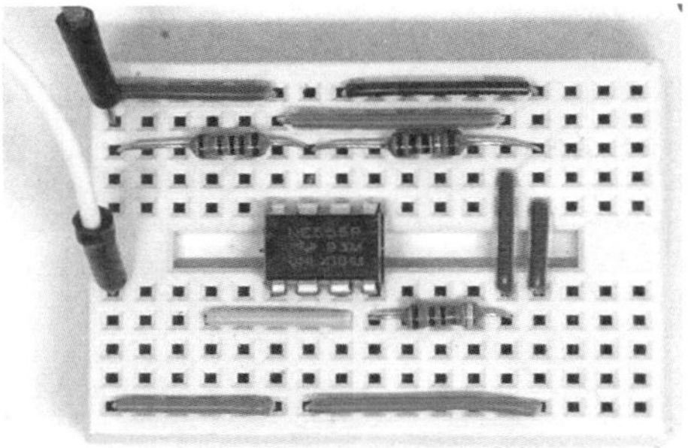

图 2-94 步骤 1 实物图

步 骤 2:

安装蜂鸣器 HA、电容 C、警戒线。

步骤 2 装配图以及实物图图分别如图 2-95、图 2-96 所示。

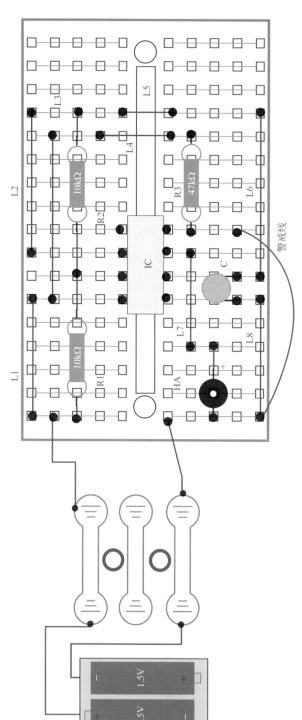

图 2-95 步骤 2 装配图

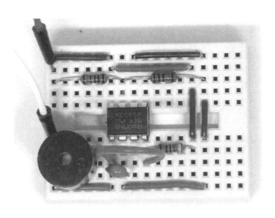

图 2-96　步骤 2 实物图

知识加油站

　　人体是导体，是能导电的，加在人体两端的电压越高，对人体造成的伤害就越大。在 220V 市电环境下，若是将一只手放在火线上，另外一只手放在零线上，这样做会发生触电事故，如图 2-97 所示。

　　大地是导体，220V 市电的零线是与大地相连的，如果一只手接触火线，没有穿电工绝缘鞋站在地上，另一只手即使不接触零线，同样会发生触电事故，因为大地与零线是接在一起的，如图 2-98 所示。

图 2-97　触电事故 1

图 2-98　触电事故 2

　　不要用湿手插拔电源插头，以及不要用湿毛巾擦拭家用电器，以防止漏电而发生触电事故。

　　平时应该做到安全用电。当发现有人发生触电事故时，应在保证自身安全的前提下，赶快呼救，通知专业人员施救。

一、电路原理浅析

　　IC 的 2 脚与 6 脚接在一起，并结合内部电路构成触发器。白天光线亮的时候，光敏电阻 RG 阻值变小，分压很低，2 脚与 6 脚输入低电平，3 脚输出高电平，LED 熄灭。晚上光线暗的时候，RG 阻值变大，分压增加，2 脚与 6 脚输入高电平，3 脚输出低电平，LED 点亮。此电路工作可靠稳定，一般用于光控路灯电路，可以将 LED 更换为继电器，从而控制 220V 电路。

　　电路如图 2-99 所示。

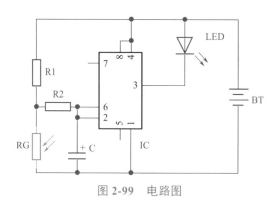

图 2-99　电路图

二、元器件菜单

　　元器件菜单如表 2-17 所示。

表 2-17　元器件菜单

序号	名称	标号	规格	图例
1	电阻	R1	10kΩ	

续表

序号	名称	标号	规格	图例
2	电阻	R2	100kΩ	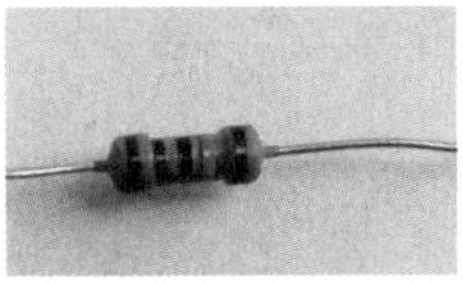
3	光敏电阻	RG	5537	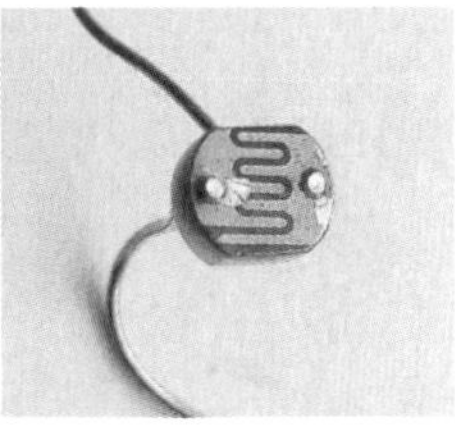
4	NE555	IC	DIP-8	
5	电容	C	1μF	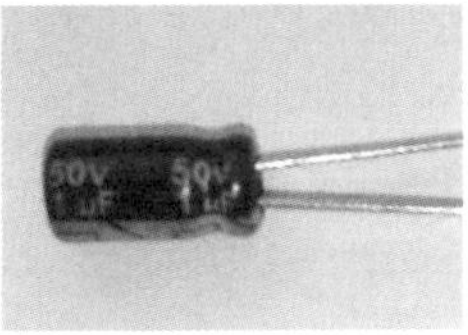
6	发光二极管	LED	10mm（红）	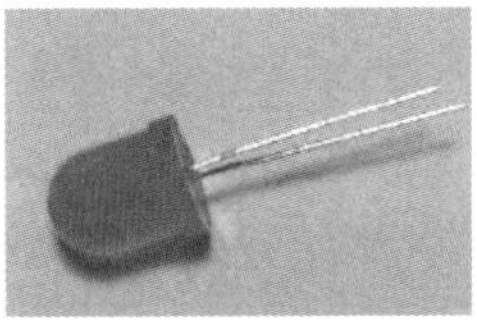

三、装配调试步骤

步骤 1：

安装 IC，电阻 R1、R2，导线 L1 ～ L11。

步骤 1 装配图以及实物图分别如图 2-100、图 2-101 所示。

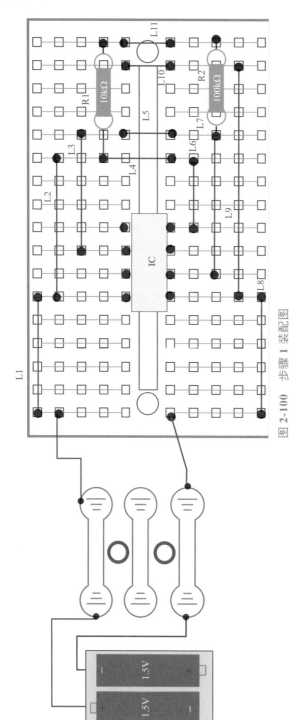

图 2-100　步骤 1 装配图

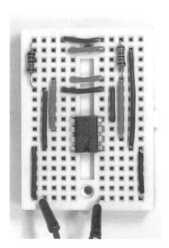

图 2-101　步骤 1 实物图

步骤 2：

安装电容 C、LED、光敏电阻 RG。

步骤 2 装配图以及实物图分别如图 2-102、图 2-103 所示。

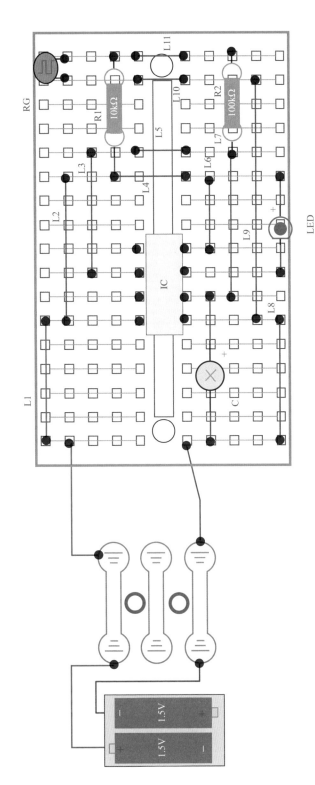

图 2-102　步骤 2 装配图

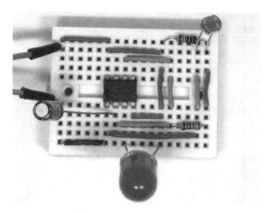

图 2-103   步骤 2 实物图

知识加油站

在疫情期间，新闻报道中机器人穿梭在隔离病房、手术室、发热门诊部等地方，24 小时不停地进行空气消毒，为连轴转的医护人员减轻了工作压力，更重要的是，最大程度地避免了病人、医生、健康人员之间的交叉感染。

机器人要用到避障的传感器、测距的传感器、亮度判断的传感器等。在电子制作中经常用的是一款超声波测距传感器。

超声波是一种振动频率超过 20kHz（千赫兹）的机械波，沿直线方向传播，传播的方向性好，传播的距离也较远，在介质中传播时遇到障碍物就会产生反射波。由于超声波具有以上特点，所以被广泛地应用于物体距离的测量。

HC-SR04 超声波模块如图 2-104 所示，上面设计有超声波发射、接收探头、信号放大集成电路等，直接采用模块，简化了设计电路，其是一款较好的超声波模块。

模块共 4 个引脚，VCC 为 5V 供电端，Trig 为触发信号输入端，Echo 为回响信号输出端，GND 为电源地端。

模块超声波时序，如图 2-105 所示。

从图 2-105 可以看出，只要单片机给超声波模块 Trig 引脚 10μs（微秒）以上的脉冲触发信号，模块内部就会自动发送 8 个 40kHz 的脉冲，一旦检测到反射信号，就立即输出回响信号（Echo 引脚输出），回响信号脉冲宽度与被测距离成正比。

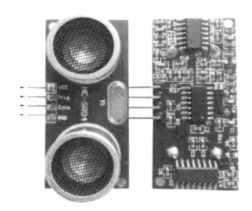

图 2-104　超声波模块

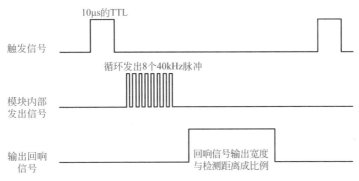

图 2-105　模块超声波时序图

使用模块时应注意，被测物物理面积应不小于 0.5m^2（平方米），并且表面平整，否则影响被测距离的精度。

第十五节　按键电子门铃

一、电路原理浅析

由三极管 VT1 与 VT2、电阻 R1 ～ R4、独石电容 C1 与 C2 等组成多谐振荡电路，三极管 VT3 放大信号，推动扬声器 BL 发声。

电路如图 2-106 所示。

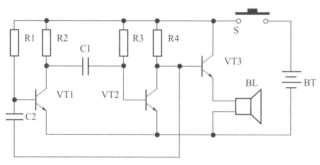

图 2-106　电路图

二、元器件菜单

元器件菜单如表 2-18 所示。

表 2-18　元器件菜单

序号	名称	标号	规格	图例
1	电阻	R1、R3	47kΩ	
2	电阻	R2、R4	1kΩ	
3	三极管	VT1 ~ VT3	8050	

续表

序号	名称	标号	规格	图例
4	电容	C1、C2	103	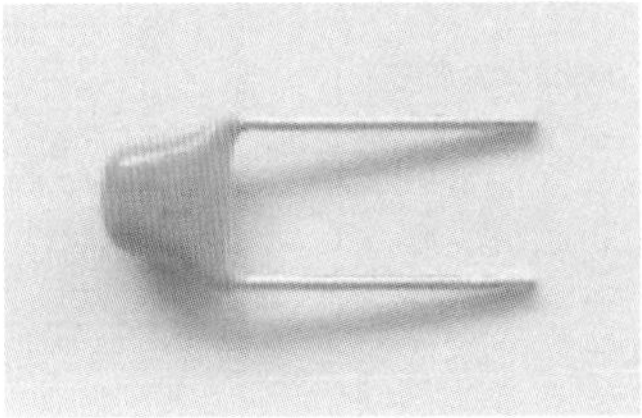
5	按键	S	两个引脚	
6	扬声器	BL	8Ω	

三、装配调试步骤

步骤 1：

安装三极管 VT1 ~ VT3，电阻 R1 ~ R4，电容 C1、C2，按键 S，导线 L1 ~ L4，并连接电源。

步骤 1 装配图以及实物图分别如图 2-107、图 2-108 所示。

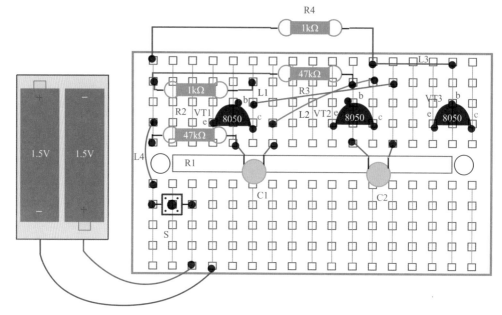

图 2-107　步骤 1 装配图

图 2-108　步骤 1 实物图

步骤 2：

安装导线 L5 ～ L8 和扬声器 BL。

步骤 2 装配图以及实物图分别如图 2-109、图 2-110 所示。

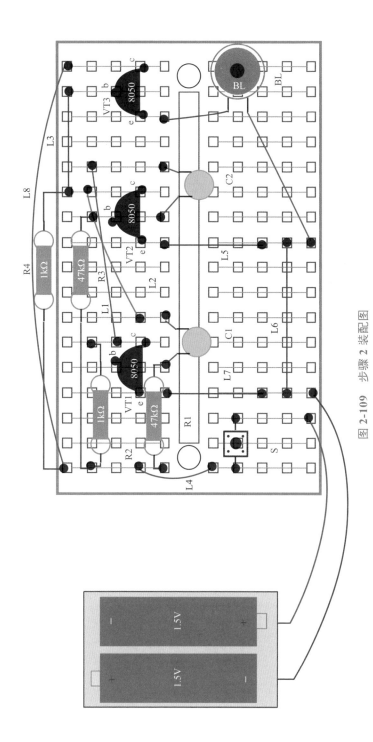

图 2-109 步骤 2 装配图

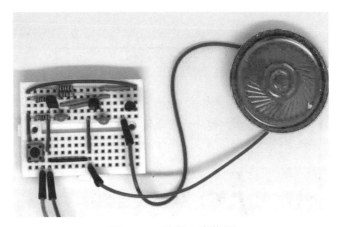

图 2-110　步骤 2 实物图

知识加油站

近年来，出现了一款新型 USB 充电电池（如图 2-111 所示），其外形与一般的碱性电池一样，也可以放到数码照相机、遥控器等电子产品中。打开正极的帽子，发现其中隐藏着一个 USB 接口。通过这个接口就可以给电池充电。

图 2-111　USB 电池

第十六节　电源极性矫正

一、电路原理浅析

下面两幅电路图，唯一的不同就是电池的供电极性不同，但是 LED 都能点亮。

为什么呢？前面一再强调 LED 要区分正负极，如果接反，LED 就不会点亮。为什么加几个二极管就可以呢？原因是二极管 VD1 ～ VD4 起着"导相"的关键作用。

如图 2-112 所示，电流从电源正极出发，经过二极管 VD2、发光二极管 LED、二极管 VD3 流到电源的负极。LED 点亮。

如图 2-113 所示，电流从电源正极出发，经过二极管 VD4、发光二极管 LED、二极管 VD1 流到电源的负极。LED 也能点亮。

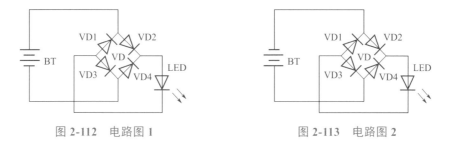

图 2-112　电路图 1　　　　　　　　　图 2-113　电路图 2

二、元器件菜单

元器件菜单如表 2-19 所示。

表 2-19　元器件菜单

序号	名称	标号	规格	图例
1	发光二极管	LED	10mm（红）	
2	二极管	VD1 ～ VD4	1N4148	

三、装配调试步骤

安装二极管 VD1 ～ VD4、发光二极管 LED、导线 L1 ～ L3。

装配图以及实物图分别如图 2-114、图 2-115 所示。

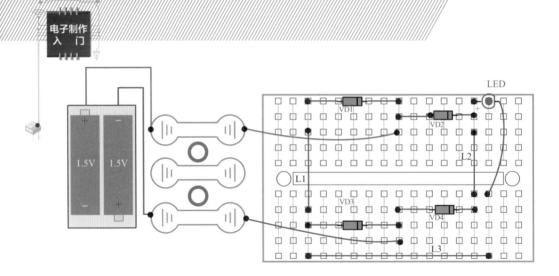

(a) 装配图1

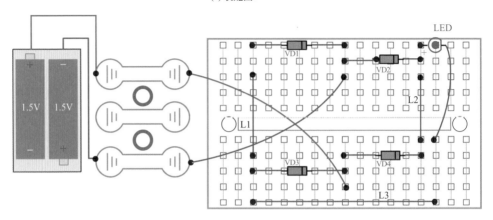

(b) 装配图2

图 2-114　装配图

(a) 实物图1

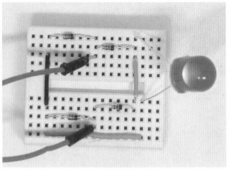

(b) 实物图2

图 2-115　实物图

电话机内部有极性矫正电路，在外接电话线时，不需要刻意区分正负极。极性矫正电路由四个二极管组成，又称为整流桥。整流就是将不规则的电流方向整理成有规则的。

整流桥需要四个二极管，设计人员为了简化电路制作，将四个整流二极管设计封装在一起，并称之为桥堆，如图 2-116 所示。

图 2-116　整流桥堆实物图

整流桥主要用在交流电转化为直流电的过程中，电路如图 2-117 所示。其中，电容起到滤波的作用。

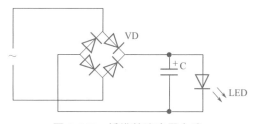

图 2-117　桥堆整流应用电路

第十七节　缺水报警器

一、电路原理浅析

当水塔中的液面淹没两个电极的时候，三极管 VT1 导通，LED1 点亮，当 VT1 导通后，其发射极电压接近 0V，由于 VT1 的发射极与三极管 VT2 连接在一起，

VT2 处于截止状态，继而三极管 VT3 也处于截止状态，LED2 熄灭。三极管 VT2
与 VT3 构成复合管，可以驱动继电器，如图 2-118 所示，可以将 LED2 更换为蜂
鸣器，或者继电器。

当水塔中接近无水（液面低于两个电极）的时候，VT1 截止，LED1 熄灭，三
极管 VT2 与 VT3 导通，LED2 导通即点亮发光。

电路如图 2-118 所示。

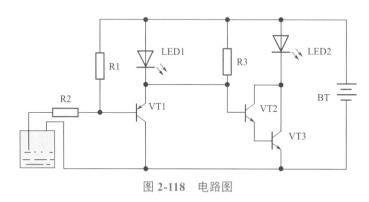

图 2-118　电路图

二、元器件菜单

元器件菜单如表 2-20 所示。

表 2-20　元器件菜单

序号	名称	标号	规格	图例
1	电阻	R1、R3	10kΩ	
2	电阻	R2	1kΩ	

续表

序号	名称	标号	规格	图例
3	三极管	VT2、VT3	8050	
4	三极管	VT1	8550	
5	发光二极管	LED1	10mm（绿）	
6	发光二极管	LED2	10mm（红）	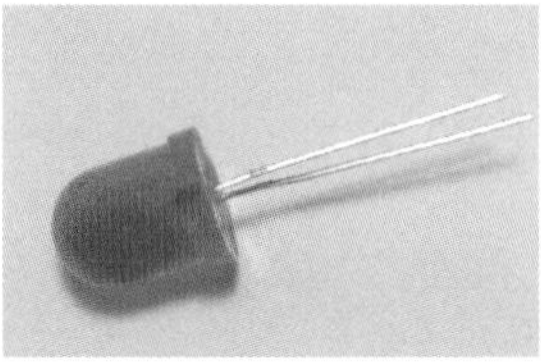

三、装配调试步骤

电路制作完成后演示的时候，可以用如图 2-119 所示的检测线直接连接负极，模拟水塔有水，断开则为无水状态。

步骤 1：

安装三极管 VT1 ~ VT3、电阻 R1 ~ R3、导线 L1 ~ L4，检测线。

步骤 1 装配图以及实物图分别如图 2-119、图 2-120 所示。

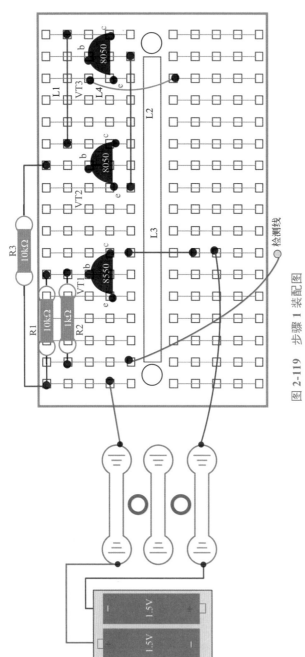

图 2-119 步骤 1 装配图

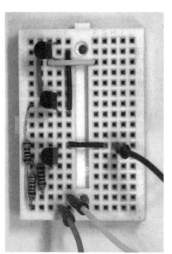

图 2-120 步骤 1 实物图

步骤 2：

安装导线 L5 ~ L7 和 LED1、LED2。

步骤 2 装配图以及实物图分别如图 2-121、图 2-122 所示。

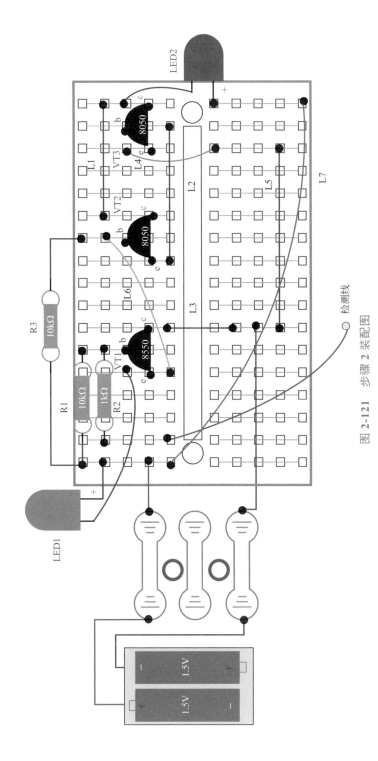

图 2-121 步骤 2 装配图

图 2-122　步骤 2 实物图

知识加油站

电烙铁主要用于焊接元器件与导线。电子制作中常见的电烙铁是内热式（加热元件在烙铁头的内部，通电加热后，热量从内部传递到烙铁头）的。内热式电烙铁具有加热迅速、体积小、使用方便等特点。常见的电烙铁如图 2-123 所示。

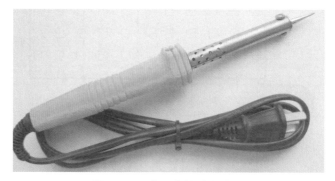

图 2-123　常见电烙铁外观图

电烙铁的功率有 20W、25W、30W、45W 等，焊接小型元器件采用功率在 35W 以下的电烙铁即可。如果选择电烙铁功率过低，焊锡丝不易熔化，像豆腐渣一样，容易引起虚焊；功率过高，容易损伤电子元器件，同时焊锡的流动性变大，容易使相邻引脚焊接在一起，引起短路故障。

焊锡一般是由约 60% 的锡与约 40% 的铅组成的。在焊接电子元器件时，电烙铁温度将焊锡丝熔化，焊锡丝作为填充物金属加到电子元器件的表面和缝隙中，起固定电子元器件的作用。常见的焊锡丝如图 2-124 所示。

由于焊锡丝中含有铅（铅是有毒的），在焊接时皮肤有可能会接触到铅，焊接完毕需要及时洗手、洗脸。在焊接时，工作环境需通风良好，可以轻吹焊接部位，让烟气远离身体，因为这些烟气中含有对身体有害的物质。

松香（见图 2-125）在焊接中作为助焊剂，起助焊作用。松香是最常用的助焊剂，它是中性的，不会腐蚀电路板和电子元器件，以及烙铁头。

图 2-124 常见焊锡丝外观图

图 2-125 松香

第十八节　光线报警器

一、电路原理浅析

当光线变亮时，光敏电阻 RG 阻值减小，三极管 VT1 导通，蜂鸣器 HA 通电发声。当 VT1 导通后，其集电极电压接近 0V，由于三极管 VT2 采用的是 PNP 型三极管，继而 VT2 也导通，LED 点亮。反之，HA 停止发声，LED 熄灭。

电路如图 2-126 所示。

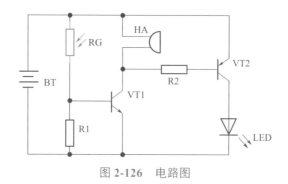

图 2-126　电路图

二、元器件菜单

元器件菜单如表 2-21 所示。

表 2-21　元器件菜单

序号	名称	标号	规格	图例
1	电阻	R1	100kΩ	
2	电阻	R2	1kΩ	
3	光敏电阻	RG	5537	

续表

序号	名称	标号	规格	图例
4	三极管	VT1	8050	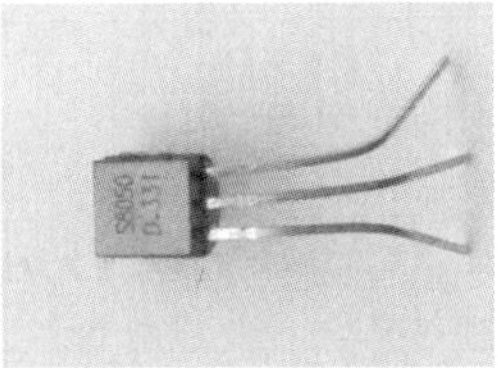
5	三极管	VT2	8550	
6	蜂鸣器	HA		
7	发光二极管	LED	10mm（红）	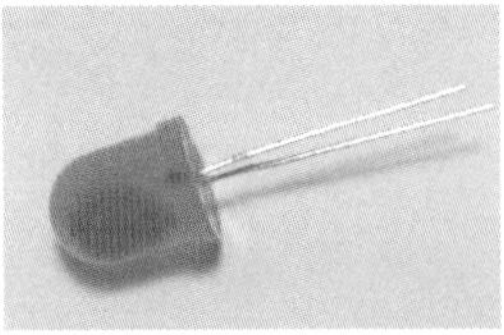

三、装配调试步骤

步骤 1：

安装光敏电阻 RG，电阻 R1、R2，导线 L1 ~ L5，三极管 VT1，发光二极管 LED。
步骤 1 装配图以及实物图分别如图 2-127、图 2-128 所示。

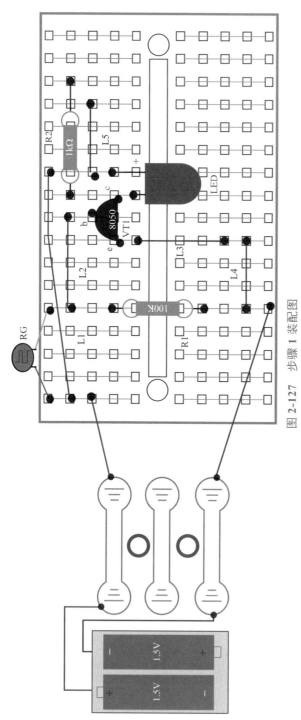

图 2-127 步骤 1 装配图

图 2-128 步骤 1 实物图

步骤 2：

安装三极管 VT2、蜂鸣器 HA、导线 L6。

步骤 2 装配图以及实物图分别如图 2-129、图 2-130 所示。

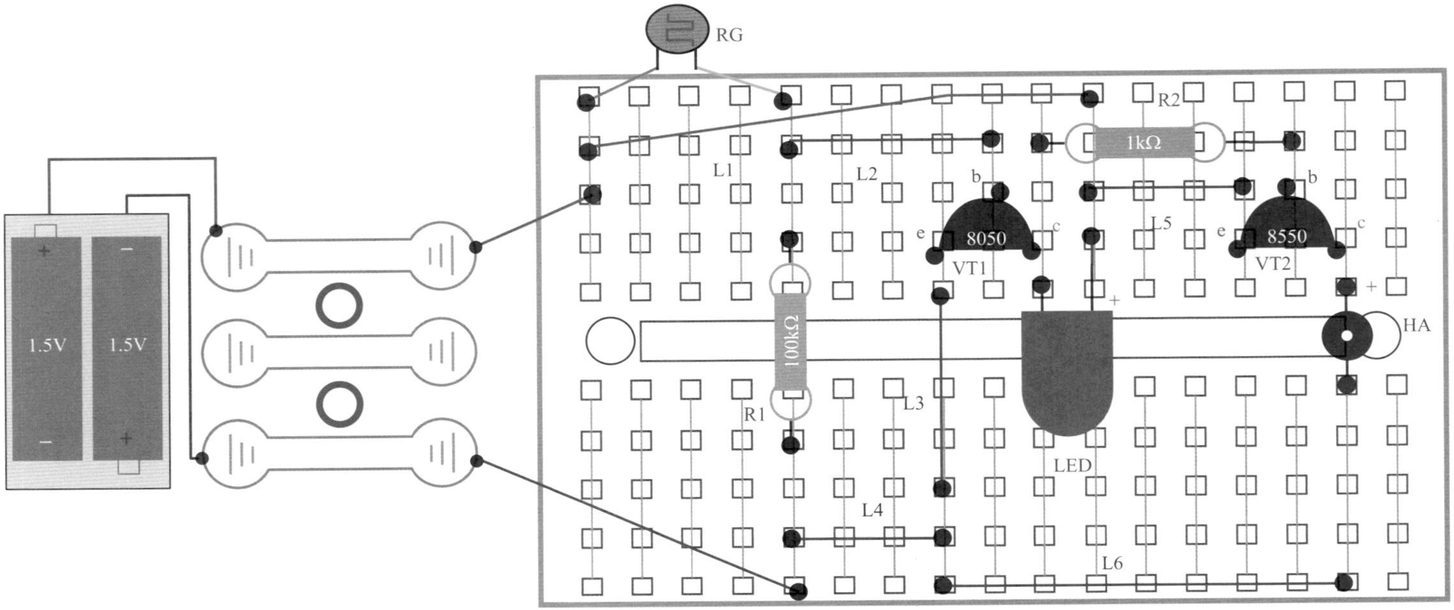

图 2-129 步骤 2 装配图

133

图 2-130　步骤 2 实物图

 知识加油站

　　PCB（印制电路板，见图 2-131），是设计的电子产品量产必须要用到的电路板，其表面有焊盘以及元器件封装丝印，并且按照电路设计元器件引脚用铜箔连接起来，代替导线。绘制 PCB 需要用到 Protel99、AD9 等软件，有兴趣的读者可以自学这方面的软件。

图 2-131　PCB

红外闪烁遥控 LED

一、电路原理浅析

当红外接收头接收到红外信号（家用电器遥控器）的时候，信号输出经过三极管 VT 放大，驱动 LED。由于遥控发射的是一串跳变的信号，所以 LED 是闪烁的。

电路如图 2-132 所示。

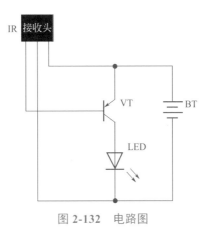

图 2-132　电路图

二、元器件菜单

元器件菜单如表 2-22 所示。

表 2-22　元器件菜单

序号	名称	标号	规格	图例
1	三极管	VT	8550	

续表

序号	名称	标号	规格	图例
2	红外接收头	IR		
3	发光二极管	LED	10mm	

三、装配调试步骤

安装红外接收头 IR，电阻 R1、R2，导线 L1 ~ L4，三极管 VT，发光二极管 LED。

装配图以及实物图分别如图 2-133、图 2-134 所示。

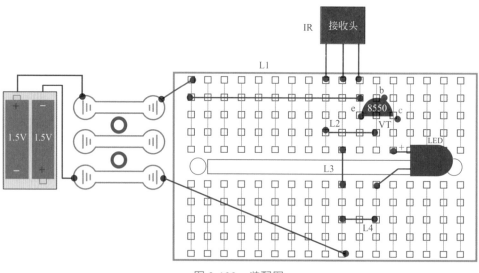

图 2-133　装配图

图 2-134 实物图

知识加油站

在制作中常见的几种红外接收头的外观以及引脚功能，如图 2-135 所示。

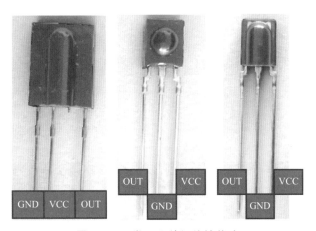

图 2-135 常见几种红外接收头

第二十节 定时熄灭 LED

一、电路原理浅析

通电后，由于电容两端电压此时为 0V，三极管 VT1 基极电压也为 0V，三极管 VT1 截止、VT2 导通，LED 点亮，此时电源通过 R1 对电容 C 充电。当电容 C 电压超过 0.7V 时，三极管 VT1 导通、VT2 截止，LED 熄灭。按下按键 S，电容 C 两端的电压通过按键释放为 0V，三极管 VT1 截止、VT2 导通，LED 点亮。

定时熄灭 LED 时间长短与电阻 R1、R2 和电容 C 的取值有关。

电路如图 2-136 所示。

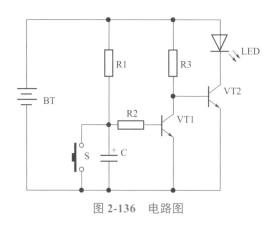

图 2-136　电路图

二、元器件菜单

元器件菜单如表 2-23 所示。

表 2-23　元器件菜单

序号	名称	标号	规格	图例
1	电阻	R1	470kΩ	
2	电阻	R2	10kΩ	

续表

序号	名称	标号	规格	图例
3	电阻	R3	4.7kΩ	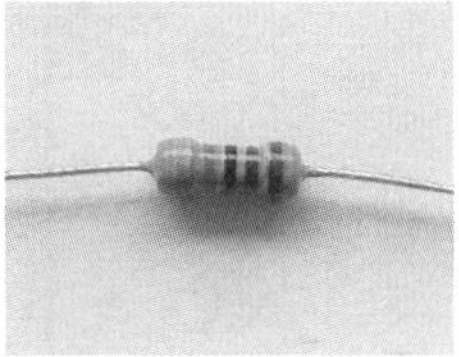
4	电容	C	10μF	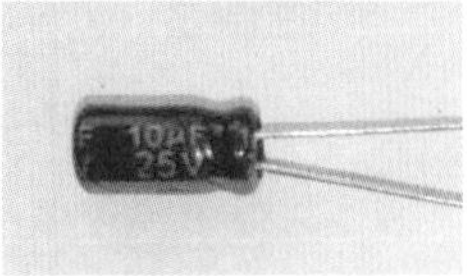
5	发光二极管	LED	10mm	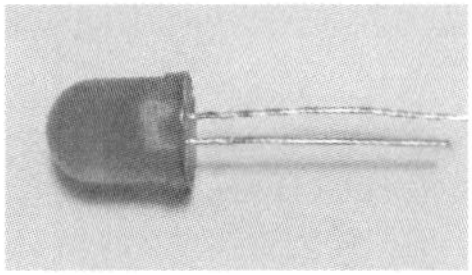
6	三极管	VT1、VT2	8050	
7	按键	S	两个引脚	

三、装配调试步骤

装配图以及实物图分别如图 2-137、图 2-138 所示。

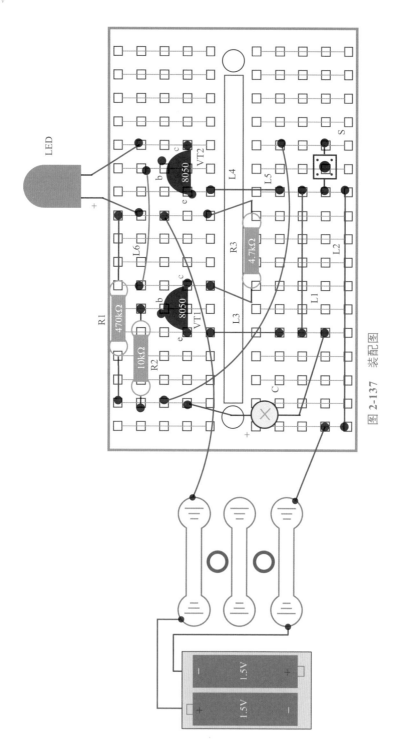

图 2-137 装配图

图 2-138 实物图

数码管是一种最常见的显示元件，如图 2-139 所示是一块电路板，其上的数码管用来显示信息。数码管内部发光元件就是由 LED 组成的，常见的数码管里面包含 8 组 LED，7 组显示数字，1 组显示小数点。

图 2-139 电路板上的数码管

数码管按照位数可以分为一位、两位、三位、四位等，如图 2-140 所示。

以一位数码管为主进行介绍，分别用 a、b、c、d、e、f、g、h（dp）表示，如图 2-141 所示。

图 2-140 各种数码管外观图

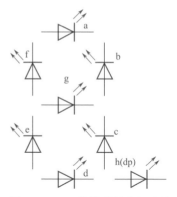

图 2-141 一位数码管表示方法

第三章

制作进阶

通过对本章的学习，利用接线端子完成有趣的经典电子制作，掌握合理布局元器件的方法，熟悉基本电路原理，初次尝试改变电路中元器件的参数，感受声光效果变化，做到举一反三。

第一节　光控智能小夜灯

一、电路原理浅析

当光线亮时（白天），光敏电阻 RG 阻值较小，光敏电阻 RG 分压较低，由于三极管 VT 是 NPN 型三极管，基极电压只要小于发射极电压 0.7V 左右，三极管 VT 就会截止，LED 熄灭；当光线变暗时（晚上），光敏电阻 RG 阻值变大，即分压较高，三极管 VT 导通，LED 点亮。

如将电阻 R 换为电位器，可以微调光控范围。

电路如图 3-1 所示。

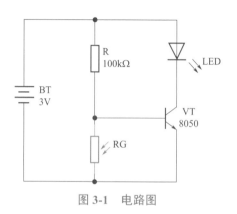

图 3-1　电路图

二、元器件菜单

元器件菜单如表 3-1 所示。

表 3-1　元器件菜单

序号	名称	标号	规格	图例
1	电阻	R	100kΩ	

续表

序号	名称	标号	规格	图例
2	发光二极管	LED	10mm	
3	光敏电阻	RG	5537	
4	三极管	VT	8050	
5	接线端子			

三、装配调试步骤

装配图如图 3-2 所示，实物制作如图 3-3 所示。

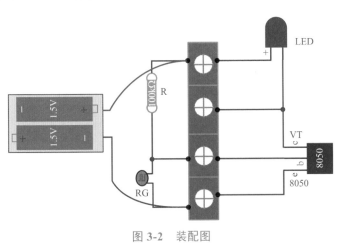

图 3-2 装配图

145

图 3-3　实物制作图

在其他元器件不变的情况下，如何设计使用型号是 8550 的三极管（PNP），制作出另一款光控小夜灯的效果？可以按照提供的电路图以及实物图尝试制作一下。

电路如图 3-4 所示，实物如图 3-5 所示。

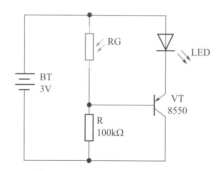

图 3-4　使用 8550 三极管的光控小夜灯电路图

图 3-5　使用 8550 三极管的光控小夜灯实物制作图

电路原理浅析：当光线充足的时候，RG 的电阻值很小，当三极管 VT 的基极电压高于 0.7V 的时候，VT 截止，LED 熄灭；当光线变暗时，RG 电阻值增加；当

VT 基极电压小于 0.7V 的时候，VT 导通，LED 点亮。

知识加油站

光敏电阻在使用中不需要区分极性。在无光照的时候，其暗电阻的阻值一般很大，在有光照的时候，其亮电阻的阻值变得很小，两者的差距较大越好。

光敏电阻在日常生活中使用广泛。例：声光控路灯，晚上有声音的时候触发控制电路，路灯点亮一段时间；红外摄像头，当光线不足的时候，启动红外功能。

第二节 炫彩风扇

一、电路原理浅析

当磁铁靠近干簧管的时候，干簧管内部电路导通，七彩 LED 经过电阻限流后发出炫彩的灯光，同时电动机通电而转动。制作时，在扇叶的下面安装七彩 LED，当 LED 与电动机同时工作的时候，呈现在面前的就是炫彩风扇。

电路如图 3-6 所示。

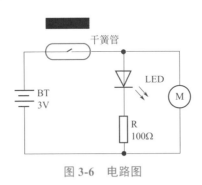

图 3-6　电路图

二、元器件菜单

元器件菜单如表 3-2 所示。

表 3-2 元器件菜单

序号	名称	标号	规格	图例
1	电阻	R	100Ω	
2	七彩 LED	LED	5mm	
3	干簧管	K		
4	磁铁			
5	电动机	M		
6	扇叶			

续表

序号	名称	标号	规格	图例
7	接线端子 （2个）			

三、装配调试步骤

装配图如图 3-7 所示，实物制作如图 3-8 所示。

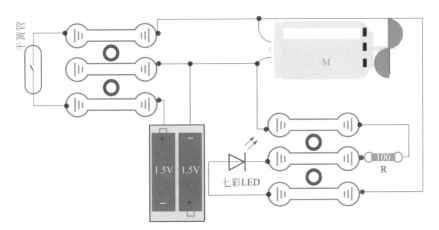

图 3-7　装配图

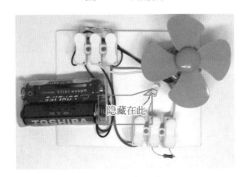

图 3-8　实物制作图

通电效果如图 3-9 所示。

149

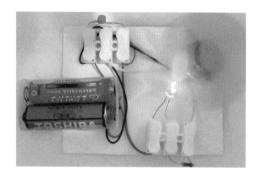

图 3-9　通电效果图

如何改变电动机转动方向呢?

当发现电动机转动方向与你期望的不一致的时候，可以调换接入电路中电动机导线的位置。

如图 3-10 所示为电动机顺时针方向转动。

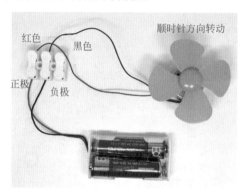

图 3-10　电动机顺时针方向转动

如图 3-11 所示为电动机逆时针方向转动。

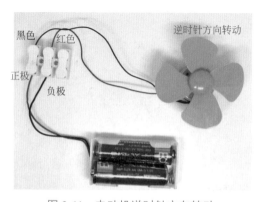

图 3-11　电动机逆时针方向转动

知识加油站

电动机为什么会转动？

工业中使用的牵引设备、车床等都需要电动机；生活中电脑散热风扇、冰箱压缩机、电动自行车、电动玩具中都有电动机的身影。如图3-12所示，是一款玩具车中的电动机。

图 3-12　玩具车电动机

一段导体在磁场中受力方向，可以用图 3-13 解释，红色箭头表示电流方向，蓝色箭头表示通电后导体在磁场中受力方向。

科学家安培经过大量的实验，总结出了电流与磁场、导体受力方向之间的关系，描述如下。

左手定则（电动机定则）：伸开左手，使大拇指与其余四指垂直，并且都跟手掌在一个平面内，把左手放入磁场中，让磁感线垂直穿入手心（手心对准 N 极，手背对准 S 极），四指指向电流方向，则大拇指的方向就是导体受力运动方向。

只有改变磁场的方向或者电流的方向，电动机中通电线圈在磁场中才能持续转下去，如图 3-14 所示为磁场中通电线圈的持续运动示意图。对于直流电动机，一般采用换向器（见图 3-15）或电刷（见图 3-16）改变通入线圈电流的方向。直流电动机在转动的过程中，依次接触换向器的金属环，线圈的电流方向不断改变，转子有了持续的转矩而转动起来。

图 3-13　电流与磁场、导体受力方向关系

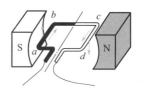

图 3-14　通电线圈在磁场中如何持续运动

图 3-15　换向器

图 3-16　电刷

第三节　延时节能 LED

一、电路原理浅析

当按下按键 S1 时，电流从电源正极出发，经过按键 S1 后分为两路，一路经过电阻 R 加到三极管 VT 的基极，基极获得电压而导通，LED 点亮；另一路给电容 C 充电。待按键 S1 释放后，由于电解电容 C 放电，继续维持三极管 VT 导通一段时间，LED 继续点亮，随着时间的延长，C 放电完毕，LED 熄灭。改变电解电容 C 的容量，可以调整 LED 点亮时间的长短。

电路如图 3-17 所示。

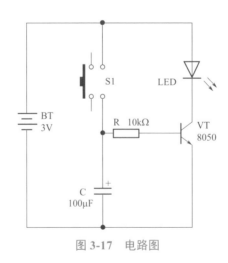

图 3-17　电路图

二、元器件菜单

元器件菜单如表 3-3 所示。

表 3-3　元器件菜单

序号	名称	标号	规格	图例
1	电阻	R	10kΩ	
2	发光二极管	LED	10mm（黄）	
3	按键	S1	12mm×12mm	
4	电解电容	C	100μF	
5	三极管	VT	8050	

续表

序号	名称	标号	规格	图例
6	接线端子			
7	接线端子			
8	杜邦线		针-孔	

三、装配调试步骤

步骤 1：

按照如图 1 所示电路图进行装配制作，装配图如图 3-18 所示，实物制作如图 3-19 所示。

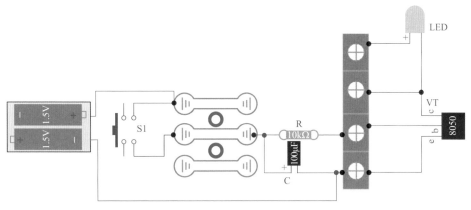

图 3-18 装配图

杜邦线与按键连接的方法如图 3-20 所示。

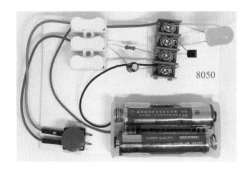

图 3-19 制作实物图

图 3-20 杜邦线与按键的接法

步骤 2：

通过在电路中接入 10μF、47μF 的电容，观察 LED 点亮延时有何变化？实物制作图分别如图 3-21、图 3-22 所示。

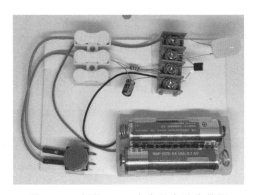

图 3-21 串联 10μF 电容的电路实物图

155

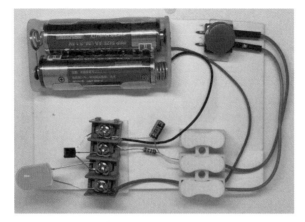

图 3-22　串联 47μF 电容的电路实物图

步骤 3:

　　通过将两个 100μF 电容并联以及串联在电路中后，观察 LED 点亮延时时间有何变化。实物制作图分别如图 3-23 ~ 图 3-26 所示。

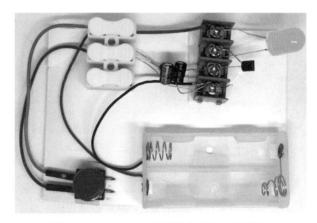

图 3-23　100μF 电容并联在电路中实物图

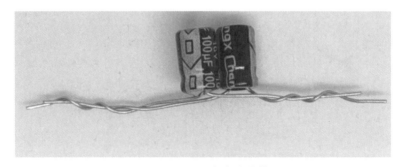

图 3-24　100μF 电容并联特写

156

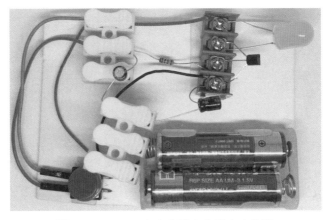

图 3-25　100μF 电容串联在电路中实物图

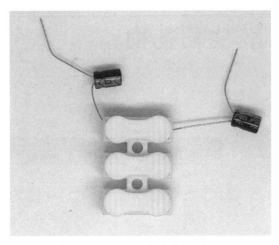

图 3-26　100μF 电容串联特写

知识加油站

　　一个容量比较大并且充的是高电压的电容，在没有放电前，请不要触碰它的两个引脚，否则将有被电击的危险。如图 3-27 是电视机主滤波电容器，在正常工作时，电容上电压是 300V 左右的直流电压。有这样一个故事：有人在一次维修中，从电路板上拆下这个电容，由于疏忽没有放电，并将电容放在焊锡丝上，瞬间发出"砰"的一声，与电容引脚触碰的焊锡丝已经熔化。

图 3-27　电视机主滤波电容器

制作生日礼物

如图 3-28 所示为一款音乐三极管，其电压范围 1.3 ～ 3.5V，典型使用值 3.0V。引脚：排序从左往右分别为 1、2、3 脚，功能见表 3-4。

表 3-4　音乐三极管引脚功能

引脚序号	功能
1	电源负极
2	电源正极
3	信号输出

图 3-28　音乐三极管

音乐三极管内部集成振荡电路，无须外接振荡电阻，输出端外接三极管信号进行放大，推动扬声器发声。

一、电路原理浅析

音乐三极管 BJ1562 内部集成有"生日快乐"电路，信号输出端输出的信号经过三极管 VT1 放大后推动扬声器 BL 工作，如在电路中增加七彩 LED，并将这个制作送给过生日的朋友，亲手设计制作的礼物一定独一无二。

电路图如图 3-29 所示。

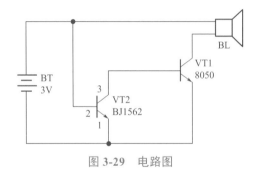

图 3-29　电路图

二、元器件菜单

元器件菜单如表 3-5 所示。

表 3-5　元器件菜单

序号	名称	标号	规格	图例
1	音乐三极管	VT2	BJ1562	
2	三极管	VT1	8050	
3	扬声器	BL	8Ω	

续表

序号	名称	标号	规格	图例
4	接线端子（2个）			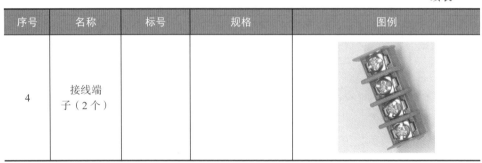

三、装配调试步骤

步骤 1：

将音乐三极管 VT2、扬声器 BL、三极管 VT1 按照装配图，安装固定在接线端子上。装配图如图 3-30 所示，实物制作如图 3-31 所示。

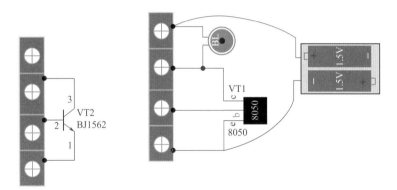

图 3-30　步骤 1 装配图

图 3-31　步骤 1 实物制作图

160

步骤2:

安装导线 L1、L2、L3。装配图如图 3-32 所示，实物制作如图 3-33 所示。

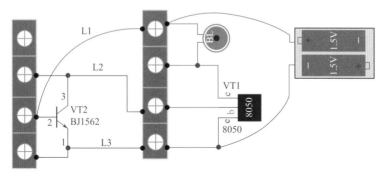

图 3-32　步骤 2 装配图

图 3-33　步骤 2 实物制作图

知识加油站

　　交流电的大小与方向随时间的变化而变化，交流电用符号 AC 表示（直流电用 DC 表示），家用电视机、空调、冰箱等都是用的交流电。通俗地说，交流电的正负极不是固定的，如图 3-34 所示。而直流电的大小与方向几乎不变，例如电池输出的为直流电。

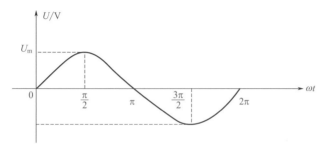

图 3-34　交流电波形

常见的有半波整流、全波整流、桥式整流电路，再加上滤波以及稳压电路，就可以完美地将交流电变为直流电。桥式整流电路如图 3-35 所示。

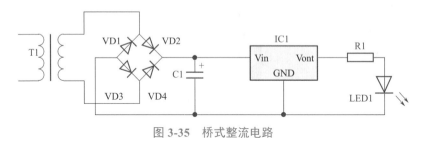

图 3-35　桥式整流电路

220V 交流市电，经过变压器 T1 降压，4 个二极管（VD1 ~ VD4）桥式整流，电容 C1 滤波，IC1（7805）稳压，电阻 R1 限流后，点亮 LED1。

第五节　模拟发报机

一、电路原理浅析

当按下按键 S，电流从电源出发，经过按键 S 后分为两个支路，一路通过蜂鸣器 HA，蜂鸣器发声，另一路经过限流电阻 R，发光二极管 LED 点亮。按下时间稍长发出"嗒"声，快速按下发出"嘀"声。

电路如图 3-36 所示。

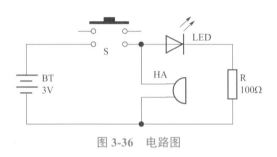

图 3-36　电路图

二、元器件菜单

元器件菜单如表 3-6 所示。

表 3-6　元器件菜单

序号	名称	标号	规格	图例
1	电阻	R	100Ω	
2	发光二极管	LED	10mm（红）	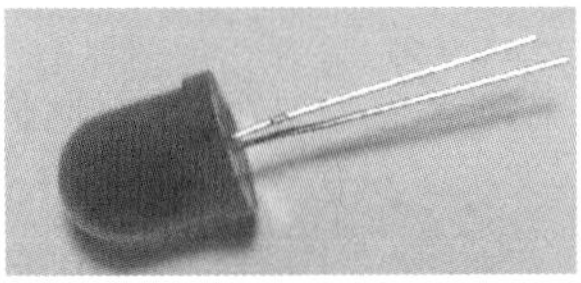
3	按键	S	12mm×12mm	
4	蜂鸣器	HA		
5	接线端子			

三、装配调试步骤

装配图如图 3-37 所示，实物制作如图 3-38 所示。

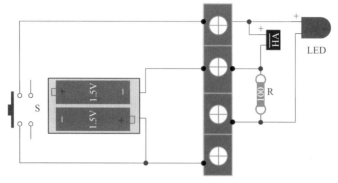

图 3-37　装配图

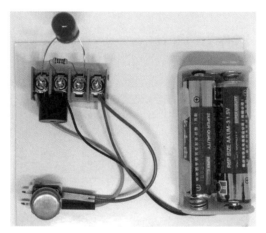

图 3-38　实物制作图

知识加油站

在绘制电路图时，为了简化电路，一般需要用到"地"符号，这里说的地，可不是直接与大地相连，而是表示与电源的负极连接，在电路图中只要出现"地"的符号，就与电源负极连接。

"地"的图形符号，如图 3-39 所示。

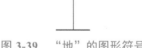

图 3-39　"地"的图形符号

相对应还有电源正极的图形符号，如图 3-40 所示。

图 3-40 电源正极的图形符号

VCC 可以换为 +3V，即表示该设计的电路使用 3V 电源。采用"地"符号和电源正极符号 VCC 绘制电路图，如图 3-41 所示。

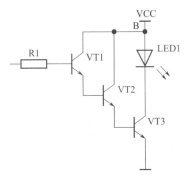

图 3-41 采用"地"符号和电源正极符号 VCC 绘制电路图

第六节 音乐感应彩灯

一、电路原理浅析

当无声音信号时，由于电阻 R2、R3 的阻值刚好能使 VT1 处于临界导通状态，三极管 VT1 的集电极为低电平，VT2 截止，LED 熄灭。当有声音信号的时候，MIC 接收信号后将其转换成电信号，通过电容 C 耦合到 VT1 的基极。当信号的正半周加到 VT1 基极时，VT1 由放大状态进入饱和状态，VT2 截止，电路无反应。而当信号的负半周加到 VT1 基极时，迫使其由放大状态变为截止状态，VT1 集电极上升为高电平，VT2 基极也为高电平，从而 VT2 导通，发光二极管 LED 点亮。LED 随着声音的高低而闪烁变化。电解电容 C 在此起到声音信号传递耦合的作用。

电路如图 3-42 所示。

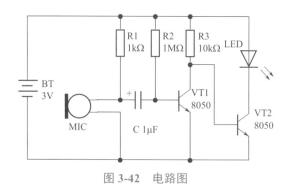

图 3-42　电路图

二、元器件菜单

元器件菜单如表 3-7 所示。

表 3-7　元器件菜单

序号	名称	标号	规格	图例
1	电阻	R1	1kΩ	
2	电阻	R2	1MΩ	
3	电阻	R3	10kΩ	
4	发光二极管	LED	10mm（红）	

续表

序号	名称	标号	规格	图例
5	三极管	VT1、VT2	8050	
6	电容	C	1μF	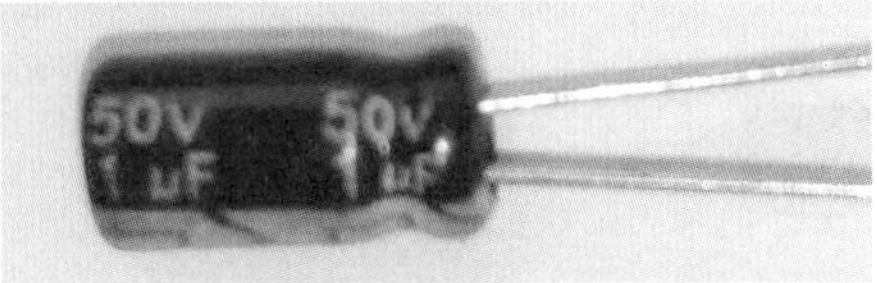
7	驻极体话筒	MIC		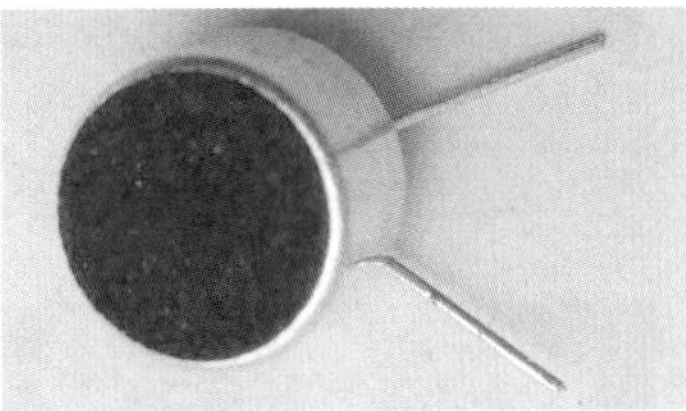
8	接线端子（3个）			

三、装配调试步骤

步骤1：

将电阻 R1 ~ R3，驻极体话筒 MIC，电容 C，LED，三极管 VT1、VT2。按照装配图安装在接线端子上，装配图见图 3-43，实物制作见图 3-44。

167

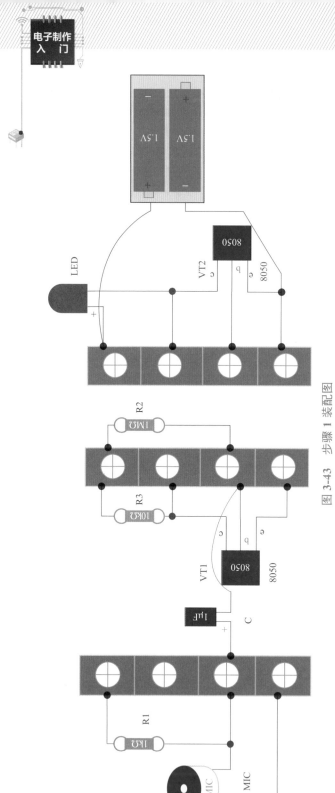

图 3-43　步骤 1 装配图

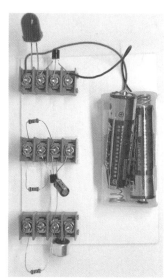

图 3-44　步骤 1 实物制作图

168

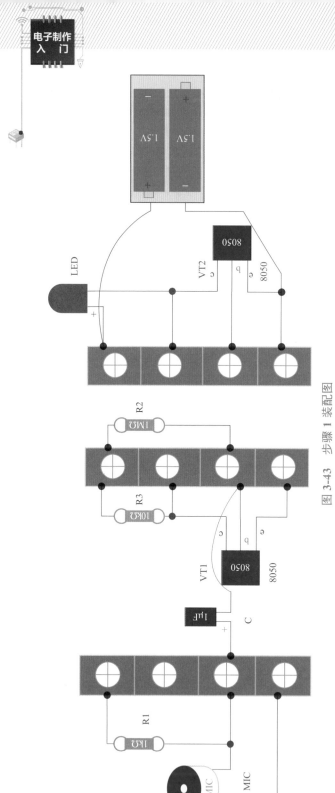

图 3-43　步骤 1 装配图

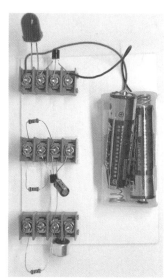

图 3-44　步骤 1 实物制作图

步骤 2：

安装导线 L1 ～ L5，装配图如图 3-45 所示，实物制作如图 3-46 所示。

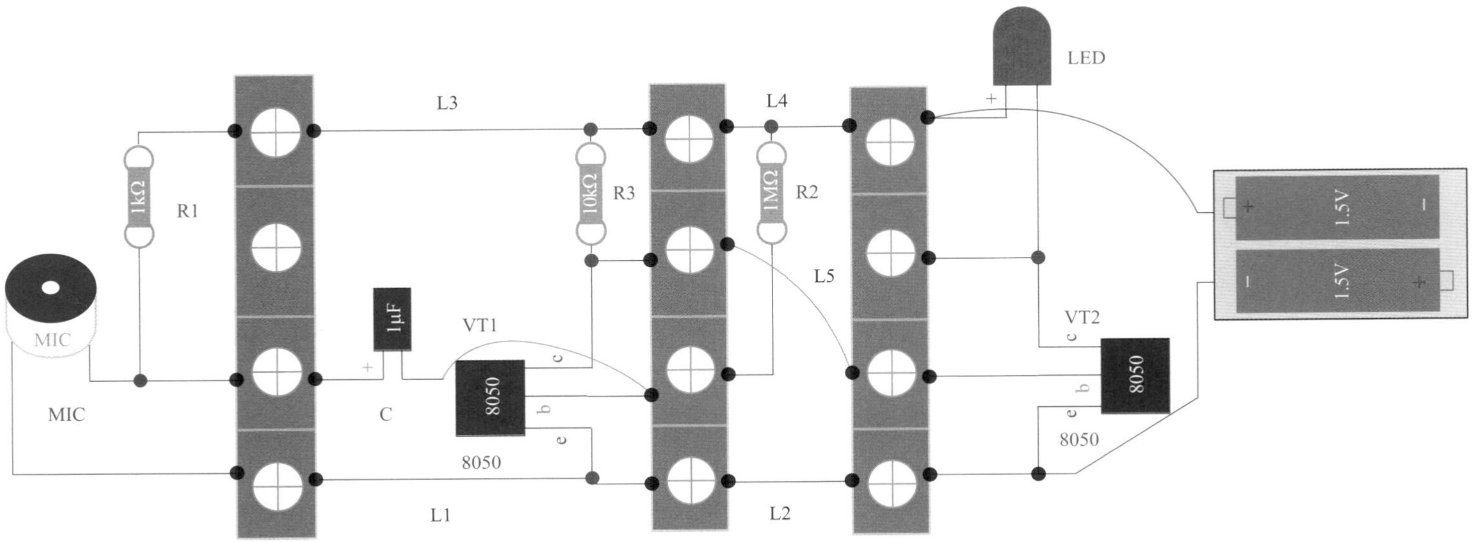

图 3-45 步骤 2 装配图

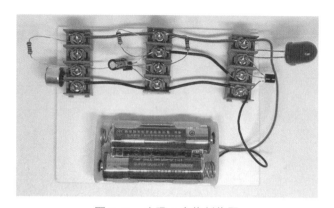

图 3-46　步骤 2 实物制作图

知识加油站

1. 认识电脑主机音频接口

如图 3-47 所示，为电脑主机插入耳机与麦克风的 3.5mm 接口。如今在一些笔记本电脑中，耳机与麦克风接口已经合并，如图 3-48 所示。

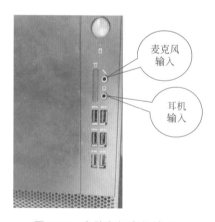

图 3-47　电脑主机音频接口

图 3-48　音频合并接口

在一些电脑主机背后还有类似图 3-49 的音频接口，红色的是话筒输入，绿色的是音频输出（耳机），蓝色的是音频输入。

2. 3.5mm 耳机的种类

图 3-50 是常见的普通耳机。带麦克风的耳机如图 3-51 所示，它有两种不同的插头（见图 3-52）。

图 3-49 主机背面音频接口

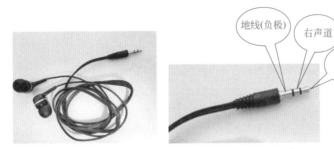

图 3-50 普通耳机

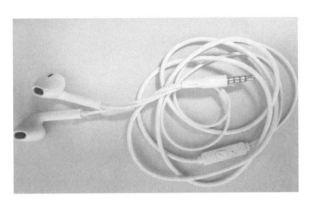

图 3-51 带麦克风的耳机

171

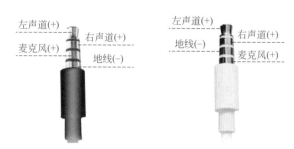

图 3-52　带麦克风的耳机两种不同的插头

3. 声音的波形

人耳能听到的频率范围是 20 ～ 20000 赫兹（Hz）。声音是由振动产生的，频率指的是物体每秒内振动的次数。声音的波形如图 3-53 所示。

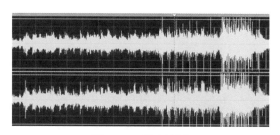

图 3-53　声音波形

第七节　振动报警器

一、电路原理浅析

当压电蜂鸣器 B 检测到振动信号时，将振动信号转换为电信号，该电信号包含正负两种电压，经过二极管 VD 整流后（只让正电压通过），触发单向晶闸管 VT 导通，继而蜂鸣器 HA 工作。

断开开关 K，或者按下按键 S2 都可以让晶闸管截止。

电阻 R 与按键 S1、二极管 VD 构成测试电路。按下按键 S1，电源电压经过电阻 R、S1、VD 触发单向晶闸管 VT 导通。

电路如图 3-54 所示。

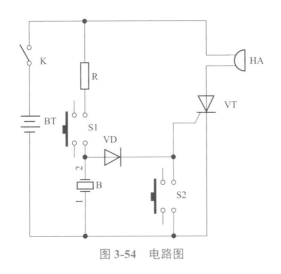

图 3-54　电路图

二、元器件菜单

元器件菜单如表 3-8 所示。

表 3-8　元器件菜单

序号	名称	标号	规格	图例
1	电阻	R	10kΩ	
2	开关	K		
3	按键	S1、S2	12mm×12mm	

序号	名称	标号	规格	图例
4	蜂鸣器	HA		
5	接线端子			
6	接线端子			
7	单向晶闸管	VT	MCR 100-6	
8	二极管	VD	1N4148	

续表

序号	名称	标号	规格	图例
9	压电蜂鸣器	B		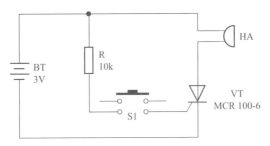

三、装配调试步骤

步骤 1：连接测试电路。

检测单向晶闸管 VT 是否工作正常，按下 S1，晶闸管 VT 导通，蜂鸣器 HA 发声。

电路图、装配图以及实物制作图，分别如图 3-55 ～图 3-57 所示。

图 3-55　步骤 1 电路图

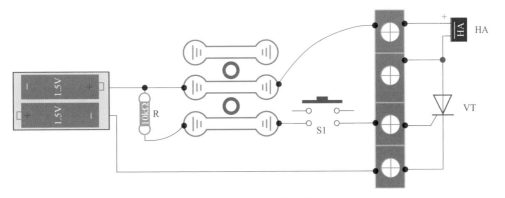

图 3-56　步骤 1 装配图

175

图 3-57　步骤 1 实物制作图

步骤 2：增加振动检测电路及按键 S2。

振动检测元器件包括压电蜂鸣器 B、二极管 VD。

装配图以及实物制作图分别如图 3-58、图 3-59 所示。

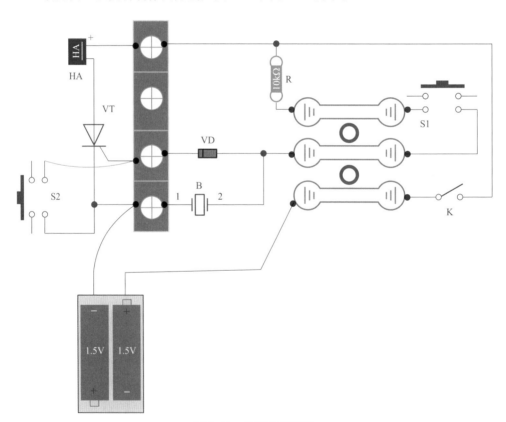

图 3-58　步骤 2 装配图

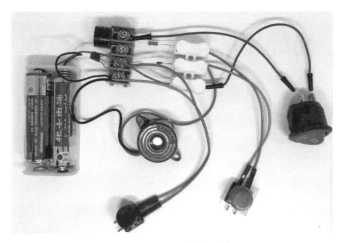

图 3-59　步骤 2 实物制作图

 知识加油站

1. 压电蜂鸣器

压电蜂鸣器是一种以压电陶瓷作为电声换能器的发声体，通电后就可以发声。本节是用压电蜂鸣器采集振荡信号，然后输出电信号。

2. 双向晶闸管

在电子制作中，除了单向晶闸管，还有双向晶闸管。双向晶闸管等效于两只单向晶闸管反向并联，即其中一只单向晶闸管阳极与另一只单向晶闸管阴极相连，其引出端称为 T2 极；其中一只单向晶闸管阴极与另一只单向晶闸管阳极相连，其引出端称为 T1 极；剩下则为控制极（G）。

如图 3-60 所示是一款双向晶闸管，它的型号是 MAC97A6。

双向晶闸管的图形符号如图 3-61 所示，用 VT（或 Q）表示。

图 3-60　MAC97A6

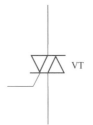

图 3-61　双向晶闸管图形符号

第八节　最简单的电子门铃

一、电路原理浅析

三极管 VT1、VT2 等元件构成互补振荡电路，电阻 R1 是启动电阻，电阻 R2 以及电容 C1 等构成正反馈回路。改变电容 C1 的容量或电阻 R2 阻值的大小，都会改变振荡频率。R1 阻值大小对振荡电路也有影响。按下按键 S，扬声器 BL 发声，释放按键 S 后扬声器停止工作。

电路如图 3-62 所示。

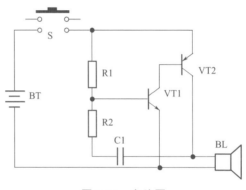

图 3-62　电路图

二、元器件菜单

元器件菜单如表 3-9 所示。

表 3-9　元器件菜单

序号	名称	标号	规格	图例
1	电阻	R1	200kΩ	

续表

序号	名称	标号	规格	图例
2	电阻	R2	1kΩ	
3	按键	S	12mm×12mm	
4	扬声器	BL	8Ω	
5	接线端子（2个）			
6	接线端子			

序号	名称	标号	规格	图例
7	三极管	VT1	8050	
8	三极管	VT2	8550	
9	电容	C1	103	

三、装配调试步骤

装配图以及实物制作图分别如图 3-63、图 3-64 所示。

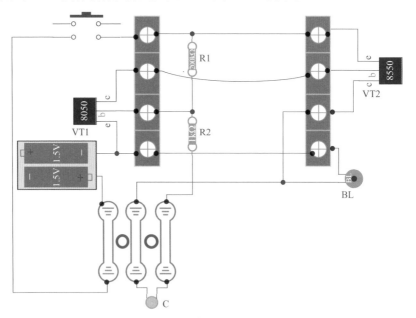

图 3-63　装配图

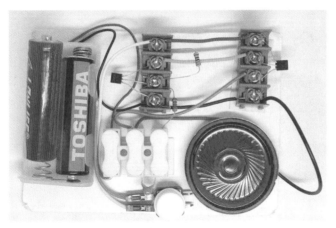

图 3-64　实物制作图

　　尝试将 C1 更换为不同容量的电容，从而改变振荡频率，通电并按下按键，观察其声音。

知识加油站

　　互补型振荡电路对元器件的参数要求不是很严格，本节所学的电路元器件比较少，适合初学者在电子制作中广泛使用。感兴趣的读者可以一起深入分析其工作原理，参照电路图 3-62。

　　按下开关接通电源，电阻 R1 给三极管 VT1 提供启动电压，VT1 有了偏置电压而导通，VT1 导通引起 VT2 导通，VT2 导通后，扬声器得电，该电压经 R2、C1 送到 VT1 的基极，VT1 的偏置得到加强而进一步导通，继而 VT1 使 VT2 进一步导通，扬声器电流进一步加大，扬声器上端电压进一步升高。如此形成循环，使 VT2 由浅导通到完全导通（即饱和），扬声器的电流由小变大，当 VT2 饱和后，扬声器上的电压就不变了。此时因为 C1 的隔离作用，扬声器上的电压就不会再通过 R2、C1 加到 VT1 的基极，VT1 的基极电压就要下降，VT1 的导通程度就要变弱，从而使 VT2 的导通程度也变弱，VT2 导通程度变弱使扬声器电流变小，即扬声器上的电压降低，扬声器上降低的电压经 R2、C1 使 VT1 的基极电压进一步降低，VT1 导通程度更弱，使 VT2 导通程度也更弱，最终使 VT2 截止。VT2 截止后，扬声器上无电压。振荡的结果就是扬声器中的电流由无到有到大，再由大到小到无，不断循环，扬声器发出声音。

稍微改变一下电路，就能做变音调的电子门铃，如图 3-65。将 VT1 基极电阻 R1 更换为光敏电阻，光线强度不同，光敏电阻的阻值就会不同，从而改变振荡频率，扬声器发出不同音调的电路。

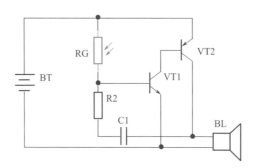

图 3-65　光控变调电子门铃电路

断线报警器如图 3-66 所示。三极管 VT1 的基极通过细导线（警戒线）与电源的负极连接而截止，当不法分子将细导线碰断时，VT1 由截止转变为导通，振荡电路工作，扬声器发声。

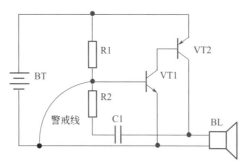

图 3-66　断线报警器电路

第九节　闪光报警 LED

一、电路原理浅析

接通电源瞬间，由于电路中元器件的参数不可能完全一致，两个三极管争先导通，假如三极管 VT1 首先导通，发光二极管 LED1 点亮，VT1 集电极电压接近

0V（为低电平），该电压经电容 C1 传至三极管 VT2 的基极，VT2 截止，发光二极管 LED2 熄灭（该时段实现 LED1 点亮，LED2 熄灭）。随着时间的延长，电源经过电阻 R1 对电容 C1 充电，当电压大于 0.7V 左右时，VT2 导通，LED2 点亮，VT2 集电极的电压接近 0V，该电压经电容 C2 传至三极管 VT1 的基极，VT1 截止，发光二极管 LED1 熄灭（该时段实现 LED2 点亮，LED1 熄灭）。随着时间的延长，电源对电容 C2 充电，当电压大于 0.7V 左右时，VT1 导通，LED1 点亮。周而复始，看到的效果就是两个 LED 轮流闪烁。

电路如图 3-67 所示。

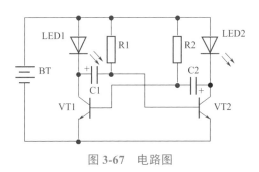

图 3-67　电路图

二、元器件菜单

元器件菜单如表 3-10 所示。

表 3-10　元器件菜单

序号	名称	标号	规格	图例
1	电阻	R1、R2	200kΩ	
2	发光二极管	LED1、LED2	10mm（红）	

续表

序号	名称	标号	规格	图例
3	三极管	VT1、VT2	8050	
4	电容	C1、C2	100μF	
5	接线端子（2个）			

三、装配调试步骤

装配图以及实物制作图分别如图 3-68、图 3-69 所示。

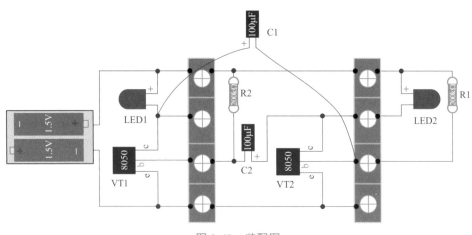

图 3-68　装配图

图 3-69　实物制作图

知识加油站

图 3-67 电路中，改变电阻 R1、R2 的阻值或电容 C1、C2 的容量，都可以改变电路振荡频率，从而调整 LED 闪烁速度。

本节组成的电路是最简单的振荡电路，在电子制作中应用比较多，属于无稳态多谐振荡器。工作时，电路输出在高低电平之间不停地翻转，没有稳定的状态，又称为无稳态触发器。无稳态多谐振荡电路可以采用三极管，也可以采用时基电路 NE555 完成制作。

第十节　视力检测保护仪

一、电路原理浅析

当光线较亮时，光敏电阻 RG 阻值很小，三极管 VT1 基极电压升高，达到 0.7V 左右时，三极管 VT1 导通，发光二极管 LED1 点亮，指示光线良好，由于 VT2 的基极与 VT1 的集电极接在一起，VT2 截止，LED2 熄灭。

当光线变暗时，光敏电阻 RG 阻值增大，三极管 VT1 基极电压降低，三极管 VT1 截止，发光二极管 LED1 熄灭，三极管 VT2 导通，发光二极管 LED2 点亮，指示光线暗，不适合工作学习。在制作中可以将电阻 R1 换为电位器，自己调整光线亮到什么程度 LED1 点亮、LED2 熄灭。

电路如图 3-70 所示。

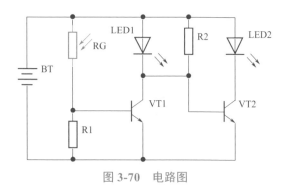

图 3-70　电路图

二、元器件菜单

元器件菜单如表 3-11 表示。

表 3-11　元器件菜单

序号	名称	标号	规格	图例
1	电阻	R1	100kΩ	
2	电阻	R2	10kΩ	
3	光敏电阻	RG	5537	

续表

序号	名称	标号	规格	图例
4	发光二极管	LED1	10mm（白）	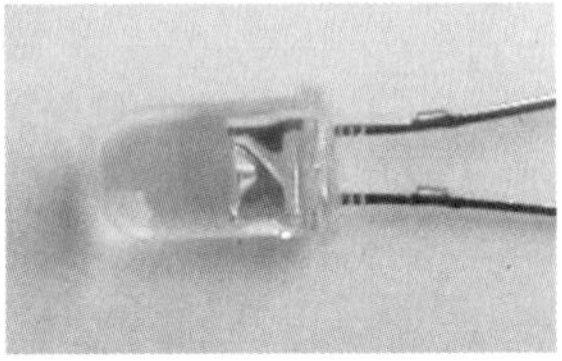
5	三极管	VT1、VT2	8050	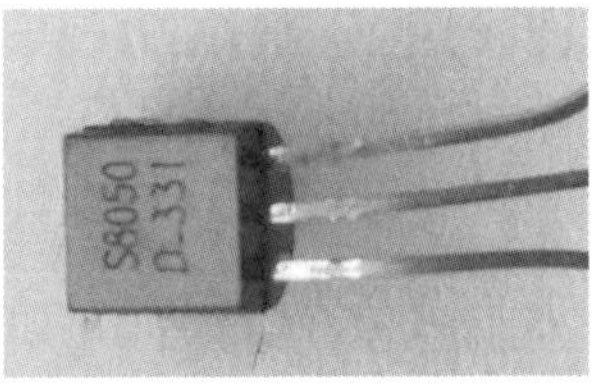
6	发光二极管	LED2	10mm（红）	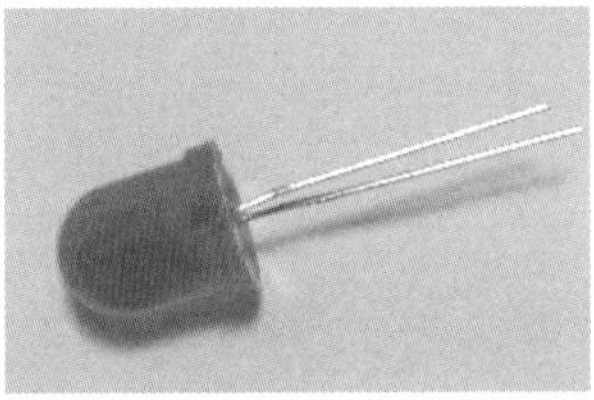
7	接线端子（2个）			

三、装配调试步骤

装配图以及实物制作图分别如图 3-71、图 3-72 所示。

187

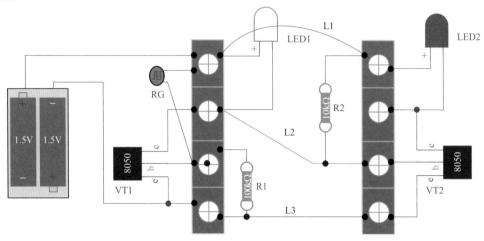

图 3-71　装配图

图 3-72　实物制作图

知识加油站

静电的危害

1. 静电火花引起爆炸

运输燃油的汽车在运输的过程中，燃油和油罐摩擦就会产生静电，如不及时释放，会引起爆炸。仔细观察，油罐车总是拖着一个尾巴，这条尾巴能及时将产生的静电导入大地，如图 3-73 所示。

188

尾巴在这里!

图 3-73　拖着尾巴的油罐车

2. 静电击穿半导体芯片

一般人体静电电压约 2 万伏，对人体没有伤害，但如果你是一名电子电路方面的维修人员，就要注意了，这么高的电压足以击穿半导体芯片，在维修之前手先触摸一下金属物体，或者带上静电环，见图 3-74，这样做可以释放人体产生的静电。

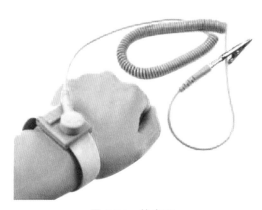

图 3-74　静电环

静电的用处

静电并不是百害无一利，利用静电的特性，人们研制出了激光复印机、静电除尘器等。